I型優勢❷

安靜發揮影響力！

全美最暢銷內向者成功法，建立你的非典型黃金人脈

馬修．波勒 MATTHEW POLLARD——著

実瑠茜——譯

THE INTROVERT'S EDGE TO NETWORKING

WORK THE ROOM. LEVERAGE SOCIAL MEDIA. DEVELOP POWERFUL CONNECTIONS.

我要把這本書獻給「快速成長學院」的學生們，
謝謝你們把事業與人生託付給我。
幫助你們實現夢想是我的榮幸。

戰爭的勝負，早在將軍的帳篷裡就決定了。

——史蒂芬．柯維（Stephen Covey）

目錄

各界好評 7

推薦序 人脈的祕密 9

第一章 內向者為何更擅長社交 13

與人交際，內向的人其實擁有天生優勢。

概念很簡單：投入努力、建立系統、收穫成果。

第二章 喚醒你的「超能力」 43

建立系統之前，更重要的當務之急是：

究竟為了什麼，你才走進社交場合？

第三章 目標客群：找到彼此需要的人 63

鎖定人脈的起點，就像尋找商品的買家。

想成功經營人脈，先成為某些人的唯一選擇。

第四章
說好故事的神奇力量
吸引別人不只是說故事，而是說好故事。
而絕佳的有力故事，一定包含四個關鍵元素。
87

第五章
用與眾不同定義自己
能夠脫穎而出的，絕對不是大眾化商品，
要想引起興趣，就從「幫自己貼標籤」開始。
117

第六章
與合適的人交談
策略型社交並不是工具，而是生活方式——
是一種敞開心胸，讓未知開啟可能性的態度。
147

第七章
社交場合，該做些什麼？
不關注對話本身，把重點放在系統，
有所準備，讓社交成為展現真實自我的過程。
177

第八章 隱形步驟：後續跟進聯繫 205
撒下希望的種子，別忘了持續灌溉施肥，
精彩的故事與互動，往往發生在舞台落幕之後。

第九章 建立人脈的回饋工廠 221
好的方法本身，是一條高效運轉的生產線，
想持續升級裝備，唯有不斷吸收回饋。

第十章 投身數位領域 235
經營人脈，讓成果更容易被看見，
在動盪的世界中，又該如何以不變應萬變？

致謝 249
附錄：「I型優勢內圈」專屬邀請函 251
關於作者 252

各界好評

「這本既有趣又聰明的書，不只教你身為內向者該如何成功社交，還能幫助領導者打造一個真正包容的團隊文化：讓內向與外向者都能發光發熱。」

——麥可．C．布希，全球「最佳工作場所」機構執行長

「對每個職場人士而言，《I型優勢2》都是必讀書。它打破許多長久以來的迷思，讓你明白，內向者正是最適合駕馭社交場合的人。馬修會教你，如何打造能改變人生的關係網絡！」

——湯姆．德克（Tom Dekle），IBM數位銷售副總裁

「我總是告訴學生與小企業主，任何商業行動都需要策略。然而一談到社交，大家常以為只靠個性就行，策略完全被忽略。馬修顛覆了這種觀念，證明即便是最安靜的內

向者，也能建立系統、掌握社交。這本書將幫助你展現最自信的自己，成為個人與事業成功的基礎。」

——葛雷格．塔克，密蘇里州小型企業發展中心總監

「馬修在這本引人入勝的書中，分享內向者如何自在地建立有價值的人脈關係。他提出的社交系統，將徹底改變你的職涯。」

——傑克．塔特爾，全球頂尖科技創新領袖之一

「感謝這本書中的策略，我的團隊在不感到不自在的情況下大幅提升募款成果。如果你希望幫助團隊開啟正確對話，募集關鍵資金支持你的使命，那麼這本書正是答案。」

——珍妮佛．史多羅，願望成真基金會（Make-A-Wish）分會會長暨執行長

推薦序

人脈的祕密

電話響起時，剛好是我接的。對方在一家非營利機構工作，想找人幫他的團隊進行銷售培訓。

他劈頭就問：「這要多少錢？」

「嗯，為了確定我們是否適合彼此，我先問你幾個問題。」我這樣說道，巧妙地迴避了他的提問。「先從這個問題開始吧：你覺得你現在做的工作，對你來說有什麼特別有意義的部分嗎？」

在接下來的四十五分鐘裡，我幾乎一句話也沒說。我聽他陳述與他的熱情、工作及團隊成員有關的事。最後，他說：「聽著，我有這麼多預算，你能幫我嗎？」

我都還沒真正說什麼或做什麼，這位潛在客戶的提問就從一開始的「這要花多少錢」，變成了「請你收下我的錢，好嗎」。

我們內向者具備某種與生俱來的能力，讓我們比外向者更有優勢。

是的，你沒看錯。我，傑布・布朗特（Jeb Blount）——世界級銷售教練與演說家、銷售類暢銷書作者，以及全球銷售大會「OutBound」的共同創辦人，是個內向者。在一屋子的人裡，我無法自然地四處與人握手。我不擅長待在社交場合。我不喜歡人群，也不喜歡閒聊。我喜歡獨處。事實上，我和馬修初次見面時，就曾經開玩笑地說，我們在商場上這樣拋頭露面，私底下卻寧可低調地生活。

在整段銷售職業生涯中，我和客戶總共可能只吃過兩次飯。我從不打高爾夫球，也不和客戶一起觀看體育賽事。我不做任何外向者在做的事，但無論在哪家公司的哪個職位，我都是首屈一指的業務員。我總是能創下新紀錄，其中有些至今仍無人能及。

我們內向者的祕密優勢，究竟是什麼呢？說實話，做銷售和建立人脈一樣，最重要的技巧就是傾聽，而這正是內向者很拿手的事。

我的客戶之所以不覺得我內向，是因為我並不像一般內向者那樣顯得害羞、不善交際，反而表現出如同典型外向者的輕鬆與自信。在很多人（尤其是內向者）都感到失控的狀況下，我依然可以主導情勢。對我來說，銷售並不是刻意戴上的外向面具，而是一套可以遵循的線性系統。

這就是我一見到馬修，就和他一拍即合的原因：他也是用系統化的方法在做銷售，就像他的第一本書《I型優勢》中說的那樣。儘管成功的內向業務員，其實比大多數人想的還多，但馬修卻是第一個真正挺身而出，為我們內向者發聲的人。我們一直相信，內向者才是最優秀的銷售人才！終於有人說出來了：只要掌握正確的方法，內向者就能和外向者正面對決，而且次次勝出。

這一次，馬修又帶著「I型優勢」系列的第二本書回來了，這次的主題是人脈經營。他再次選擇了一個多數內向者自認難以掌控的領域，並規劃出一套循序漸進的流程，能引導我們發揮與生俱來的優勢，同時克服自身的劣勢。這是種截然不同的人脈經營方式，從內向者的視角出發，不強迫我們偽裝成另一種模樣。他也沒要求我們壓抑自己內向的特質，或「弄假直到成真」。他只是提供一種方法，讓我們保有本色，同時在社交場合中掌控全局。對無數內向者來說，這是多麼振奮人心的消息啊！

我最欣賞馬修這套方法的地方在於，他證明了一個人能否成功，靠的並不是表面功夫，例如話說得比別人大聲、肢體語言最得體，或掌握跟人握手的技巧。就如同他在第一本書裡說的，關鍵其實在於系統。你不必生來就魅力十足、能言善道。重要的是你使用的方法，以及你社交活動背後的那套架構。

雖然成功經營人脈很重要，但這本書探討的遠不只如此。對我來說，幸福並不是某種狀態，而是追尋的過程。人生苦短，不該悲慘地活著。《I型優勢2》是少數能教你如何把「你重視的事」和「讓你實際賺到錢的事」結合起來的書。它不僅能讓你成為厲害的社交高手，同時也確保你樂此不疲。

人們花錢，讓我指導他們做我最喜愛的事，而我希望所有人都能體驗這樣的生活。這本書，會教你如何做到這一點。

——銷售員培訓平台「Sales Gravy」執行長、《超級業務員的終極成交術》（*Inked*）作者，傑布・布朗特

第一章

內向者為何更擅長社交

如果真有地獄，「社交場合」可能是其中一層。
但這種史前混亂，究竟是誰造成的？
又或者，是我們誤會了社交的真諦……

「失敗是重新來過的機會，但這次你得更有智慧。」

——福特汽車創辦人，亨利・福特（Henry Ford）

你寧願接受根管治療，也不願意社交。

不過，你很清楚自己該這麼做，對吧？每個人都在說社交有多重要——能幫助你找到理想工作、拿下新客戶，或和某個能帶領你站上職涯巔峰的高層建立關係。你知道你該這麼做……但那實在太痛苦了。

接著，發生了某件事。或許是你聽說，公司可能要裁員；又或許是你回過神來，才發現已經沒有任何正在洽談合作的客戶。不管這個觸發點是什麼，它都使你極度害怕，害怕到甘願承受這種痛苦、離開舒適圈，走進社交場合。

於是，你下定決心要去社交。你在網路上查到某個即將舉辦的活動，告訴自己：「好吧，我做得到。」你將活動標註在行事曆上，它就在那裡晾了好幾天。內心有個聲音開始抓狂大叫：「不，我不想去！」但接著，又有另一個聲音吼回來：「你非去不可！」

你停好車、不情不願地往會場走去時，內心湧現了莫名的恐懼。你走進活動現場，急切地環顧四周，想找到一張熟面孔。即便你是來拓展新人脈的，但跟認識的人互動，還是比直接跟陌生人搭話不可怕一點。你一邊找人，腦中還不斷想著：「如果沒人喜歡我怎麼辦？這會不會根本是在浪費時間？萬一我說錯話呢？」這種感覺，就像再度回到開學第一天。

沒看見任何認識的人。你只好鼓起勇氣、深呼吸，走向第一個映入眼簾的人。在走近的過程中，你感覺自己越來越緊張。你禮貌地和對方握了握手，露出得體的微笑。接著，你開始那段尷尬的自我介紹：「嗨，我是珍．史密斯。噢，〇〇先生，很高興認識你。你是做什麼的？」你站在那裡，希望可以從對方口中聽出，他就是你在找的那個人。你很渴望有個新的工作機會（什麼都好），或者一個新客戶（誰都行）。

對方回答：「我也很高興認識你，珍。我是做保險的，歡迎跟我聊聊你的保險需求。」

呃……你可不是來這裡買保險的！「噢，我想目前不需要，但還是謝謝你！」場面再次尷尬，直到對方也開口詢問你的職業。「我主要是做商業教練／會計師／託管服務供應商（Managed Service Provider）。」

「嗯，但我已經有滿意的教練／會計師／託管服務供應商了。」

這時，你心想：「你當然已經有了，我當初為何要做這種蠢事？」然後呢？要試著告訴他你比較厲害嗎？還是想辦法把他從滿意的合作夥伴那裡搶過來？但你又不想搞得像在強迫別人。於是你也許會換條路走，不顧一切地問：「那你還有認識其他可能會需要教練／會計師／託管服務供應商的人嗎？」

對方回答：「我現在一時想不到有誰，不過我會幫你留意的！對了，要不要先給你一張名片，說不定你哪天就對保險感興趣了呢？」

你其實不想要他的名片，但還是出於禮貌收下了。你知道，他不會改變想法，而且他本就不是你真正想接觸的對象。不過，你還是抱持一線希望，幻想這場會面能奇蹟似地變成一個生意機會。

接下來該怎麼辦？你們雙方都已經把場面話說完了，也都明白沒什麼好繼續聊下去的。但誰都不想表現出自己留在這，只是為了尋找下一個商機——那樣太無禮了。所以你們朝對方笑了笑，其中一方編了個藉口，說要去廁所或拿點東西喝，另一方終於鬆了口氣。

然後，當你見到下一個人，又得重新經歷剛剛那套流程。

很多教人建立人脈的書都會叫你設定目標，例如「至少與五個人交談才能回家」。你可能會強迫自己再重複剛才的流程四次，但結果當然都和第一次一模一樣。你開始懷疑：「到底為何大家都說社交很重要？我剛才浪費了大半天的時間！」

經歷了兩小時的折磨後，你回到辦公室調整心情，然後把剛收到的那疊名片，放進你過去蒐集的那堆名片裡，那些你理應跟進，卻從來沒聯絡過的人。你大概早就不記得當時跟他們聊了什麼，唯一確定的是，你並未和真正需要接觸的人建立聯繫，那何必自找麻煩呢？你重新回到工作中，發現進度落後，因為社交花費了你大半天的時間。

我剛剛用了「花費」這個詞，但其實應該說是「浪費」才對。和昨天相比，你業務上的人脈並未擴展。實際上情況還更糟，因為你不僅花了油錢與入場費，犧牲了時間，還把心理和情緒能量消耗殆盡。

你把這樣的失敗歸咎於自己是個內向者。畢竟，你在社交場合看到的那些外向者看起來都應對自如，他們一定總是能談成合作、拿到機會。要是你也能像他們那樣建立人脈就好了。

但你認定，那種事對你來說根本不可能。

所以你說服自己，至少現在狀況是這樣，只能先忍耐一下。

兩、三個月後，情況更加惡化。無奈之下，你心想：「我別無選擇，只能再去參加社交活動了。」你痛下決心，這次一定要做得更好。於是，你上網查了一些人脈經營的訣竅跟策略。

你嘗試了其中一、兩種方法，但社交依然讓人尷尬、痛苦，還勞心傷神。那些專家的建議，並沒有讓這件事變得比較好受。對你來說，社交就像在強迫自己偽裝成其他人。當然，這對外向者而言很容易，但卻讓你感覺被逼著成為外向者。你覺得這一切極其低俗、虛假，更何況你還討厭閒聊！你默默告訴自己：「看來，我就是不適合做這種事。」

我也有過這種經驗。對你我這樣的內向者來說，如果強迫自己這麼做，那社交無異是種折磨。這並非我們選擇這份職業的初衷。我們只是想過上好日子、從事喜愛的工作，同時還能兼顧家庭與生活，而不是不分晝夜、甚至浪費週末的時間硬擠出笑容，來進行這些虛假且讓人筋疲力竭的自我推銷。

我們是怎麼陷入這種混亂的？

蘇珊．坎恩（Susan Cain）在為內向者撰寫的開創性著作《安靜，就是力量》（*Quiet*）中指出，一七九〇年時，美國只有百分之三的人口住在城市。到了一八四〇年，比例變成了百分之八，而一九三〇年時，已經超過了三分之一。

在人煙稀少的鄉村地區，大家都彼此認識，你的名聲就是一切。但隨著越來越多人搬到都市居住，這種社區的人際網絡與日常生活之間的關聯，就變得越來越薄弱。如同坎恩指出的，自助書的焦點也從「內在美德」逐漸轉向了「外在魅力」。

同時，由於工業革命的影響，工廠生產的商品數量超出了當地市場的需求，於是這些工廠開始派遣推銷員到全國各地兜售產品。在這之前，銷售通常是在當地社區進行的，所以一般人都認識賣家。不管是商人、牙醫還是其他行業，都承擔不起被認定「不誠實」或「算計他人」的風險。

就如同《哈佛商業評論》（*Harvard Business Review*）在〈美國銷售員的誕生〉（*Birth of the American Salesman*）一文中提及的，這些四處遊走的推銷員根本無須擔心自己的聲譽。他們不會和遇見的任何人建立有意義的關係，因為做生意的對象都是素昧平生的陌生人。他們只有短短的時間可以自我介紹、進到客戶家裡、展示商品、成交，然後立刻趕往下一戶。他們可以忍受這種「來了又去」的模式，為了業績能達標，他們甚至會認為這種做法是必要的。這些推銷員也不必擔憂賣出劣質產品，或是有其他問題，因為幾天後他們就會前往下一個城鎮，繼續重複同樣的過程。

那麼，這和社交到底有何關聯呢？

隨著越來越多人從人煙稀少的鄉村遷移到人口稠密的城市，那種「來來去去」的心態在社交場合裡再度顯現。即使是現在，置身在人口密集的大都市裡，你大概也不會再見到剛剛交流過的那個人。

這也是為何現今大多數人的人脈經營，感覺更像是挨家挨戶推銷，從一個人換到另一個人，只想著盡快賣出更多商品。至於建立真正有意義且長久的關係，往往被視為次要，甚至根本不在考量中。這種普遍的做法，我稱之為「交易型社交」。會讓人覺得虛偽、甚至低俗，也沒什麼好驚訝的吧？

所幸，還是有些人拒絕這種做法，希望能和他人建立真正的連結。但這些人，往往採行所謂的「漫無目的型社交」。雖然出發點比較真誠，但這種缺乏架構和方向的方法，並沒有比交易型社交更有效。這導致雙方依然花費大量時間閒聊、維持表面關係，卻鮮少獲得實質效益。

難怪內向者如此厭惡這種社交方法，我也不例外！這完全跟我們的行事作風背道而馳。如果必須參加那種交易型社交活動，我恐怕無法忍受那樣的自己。而如果我是漫無目的型社交的人，很快就會發現這完全是在浪費時間，然後乾脆就不參加了。

那麼，我們要怎麼跟那些看起來天生魅力十足、能言善道，而且毫不費力就能和他人建立連結的外向者競爭呢？該怎麼在保有真實自我的同時，成功經營人脈呢？

在這裡，我要告訴你一個好消息。只要理解兩個真相，內向者就完全有能力超越外向者：

1. 內向者的成功法和外向者不同。我們本就不同，也該學會欣然接受這一點。
2. 傳統的人脈經營方式不適合內向者。我們需要某種更巧妙的方法，才能發揮我們與生俱來的優勢。

對內向者來說，有效的人脈經營根本就不像傳統的那樣。根據我的學習、經驗和教學，我發現內向者在真正有效的人脈經營方式上，反而具備天生的優勢。重點不是拚人數、看誰聊的多，而是擁有策略、做好準備、反覆練習，並且懂得如何和社交場合中少數幾個「對的人」建立更深的關係。

換句話說，我們依靠的是完全不同的技巧。

這樣的轉變來得正是時候，因為舊有的人脈經營方式正迅速過時。現在的人只要拿出手機，就能了解你的一切：你的背景、你賣的產品評價、你的社群互動、工作經歷，甚至你上週末做了些什麼。我們似乎又回到那個「人人彼此熟識」的時代。或者至少，大家都能在很短的時間內掌握一個人的基本資訊。想用交易型的方式應付完就默默退場，幾乎是不可能的事。無論是出於選擇還是迫於無奈，資訊透明化都逐漸成為一種常規，對個人與雇主而言都是如此。

真誠與內在美德，終於重返焦點。

早該如此了。

別再模仿外向者

我並不是要教你怎麼像外向者那樣建立人脈，而是想告訴你，如何避免那種自我毀滅的行為。我發現了某種經營人脈的方法，能真正發揮內向者的優勢，讓我們在結束每場社交活動時，都能感覺自己建立了有力的連結，展現出最好的自己，並且始終保有真實的那個「我」。

在進一步討論之前，你得先做好心理準備，因為接下來我要分享的內容，會需要你投入幾小時到幾天的時間，來規劃、準備與練習。不過，我很了解內向者的特點：我們都願意付出努力，來換取穩定、有效的成果，尤其當另一種選擇只會繼續耗費更多時間與精力，卻幾乎沒什麼成效的時候。

我們前面提到的那兩種社交方式，不僅不正確，還會造成傷害。交易型社交純粹就是一次性的交易。我相信，你不會覺得自己是個自私的人，但這種做法本質上就是以自我為中心。它就像是閃電約會，快速跟盡可能多的人約會，直到找到某個願意給你機會的人為止。換句話說，你是在想辦法盡快跳過那些「沒用的」，直到找到一個你可以利用、幫你達成目標的人。更糟的是，這些與你交談的人都知道你的意圖！當然，也許你真的能因此拿下幾張訂單，或取得一些機會，但請回想一下，上次有人這樣對你時，你不也覺得這種行為很膚淺、虛偽嗎？那絕不是我希望留給別人的印象，更不是能帶來更多收入，和建立互助人際網絡的有效途徑。

至於漫無目的型社交的人，通常在活動結束時感覺都還不錯，也的確跟一些人聊得蠻愉快，但遺憾的是，最終都沒帶來什麼結果。他們或許結識了一些熟人，建立的卻是一個沒有太多動力來幫助他們實現目標的人際圈。這些人在社交中游移不定，希望自己的努力遲早能帶來某種好處。這就如同把硬幣丟進吃角子老虎機，幻想著有一天會中大獎一樣。

不過，還有第三種人脈經營方式，那就是「策略型社交」。這種方式更具智慧、更有效，而且讓內向者得以掌控全局。有策略地經營人脈，你就有機會認識真正欣賞你工作價值的人，他們也會願意幫助你更快達成目標。這正是你擺脫周而復始的無效社交循環的絕佳方法。

改變社交對話的局勢

我是在飄洋過海搬到德州奧斯汀時，才發現策略型社交這種方法的。當時，除了現在的妻子布蘭妮（Brittany）之外，我一個人都不認識。過去在澳洲時，我還有個算中等規模的交友圈，那是我花了大半輩子才勉強建構起來的。搬到新城市生活，我得完全從零開始，重新建立人脈。

於是，我開始了一段探索之旅，希望能讓人脈經營變得簡單、有趣而有效。更重要的是，我想找到一套系統，能發揮身為內向者的優勢，讓我在人際互動中保持真實的自我，並在與外向者的競爭中占據優勢。在這段過程中，我有了個深刻的體悟：經營人脈就像銷售一樣，是一套任何人在任何地方都能學習，並不斷改進的系統。更棒的是，只要掌握得宜，你就可以扭轉局勢。你不會覺得自己是硬把別人不需要的東西塞給他們，而是讓人們主動開口詢問，因為他們真的感興趣。

對我來說，從「硬推」轉變為「吸引」，真的改變了一切。有了正確的系統與流程，我就不必表現得風趣、好勝或善於交際。歸根究柢，人脈經營的成功有九〇%，是在走進社交場合前就決定了（至少用我的方法來看）。我更看重策略與事前準備，而不是努力讓自己顯得有魅力與活力。

我的這套系統可以確保，只要內向者願意做好準備工作，就能輕鬆地比外向者更具優勢。天生外向的人能直接進入場合，憑直覺應對。雖然這種方式往往會被當作交易型社交，但他們通常也不願意投入我這套方法所需的時間與精力去準備。畢竟，他們已經靠這種方式自己走了這麼遠，何必費心修正自認為沒問題的事呢？至於內向者，則喜歡在走進場合前，就先為成功做好充分準備。從長遠來看，我的內向型客戶表現遠遠勝過外向型的同儕，因為他們都堅守流程——一個能讓他們的天賦（像是積極傾聽與同理心）綻放光芒的方法。

雖然你即將學習的東西需要一些努力，但只要你願意投入，它可能會在幾週內就改變你的人生，不必花上幾個月、甚至幾年。我在第一本書裡提過，當時我靠著看YouTube影片，以及每天工作結束後在家練習八小時，學會將銷售流程系統化。我也分享，自己是如何從對銷售一無所知（老實說，我真的很害怕），到在短短六週內，成為全國頂尖業務員的心路歷程。我不希望任何人經歷那六週的艱辛，但那段訓練影響了我的一生。你在本書中學到的方法絕對沒有那麼極端，但概念是一樣的：投入努力、建立系統，然後收穫成果。

人通常很難停下來，花上幾天的時間擬定策略和準備。他們要不是渴望立竿見影，就是覺得無論多忙碌，有努力就等於有進步。他們相信忙碌終將帶來成功，只要足夠努力，結果自然會顯現。

這種做法短期內或許會奏效，但終究會讓你筋疲力盡。相反地，只要每天花一點時間學習和準備，幾天之後，你就能突飛猛進。

在本書中，我們會一起對付你能想像到的各種情境：有人瀕臨一無所有，有人認為自己年紀太大、資歷不足、說自己「毫無魅力」，也有人自認社交恐懼。你會讀到關於職場人士或創業者的故事，從行銷、顧問，乃至經營價值數百萬美元的公司與企業組織。這套系統已經經過無數嘗試與驗證，確實有效。

不過，別只聽信我的一面之詞。來看看夏琳的故事吧。

社交永遠不嫌晚

夏琳．威斯蓋特（Charlene Westgate）在美國中西部做了大半輩子的園藝工作，搬到亞利桑那州後，她發覺有個全新的挑戰：要怎麼讓沙漠開花？透過反覆試驗、跟當地人請教以及努力鑽研，她悟出了一些道理：第一，不能強迫花園按她的意願生長。必須順應新地方的乾燥氣候，而不是設法對抗。第二，她發現這樣的挑戰其實很有成就感。最終，她靠自己成功在亞利桑那的酷熱中，打造出了生意盎然的花園。

她跟別人聊起自己的理想與熱情時，發現有很多人都想聽聽她的經驗。夏琳意識到自己的與眾不同，於是辭去全職工作，創立了「威斯蓋特園藝設計」（Westgate Garden Design）。

但九個月過去，夏琳的收入依然沒達到原本全職工作的水準。事實上，她幾乎賺不到什麼錢，家裡的經濟開始吃緊，她也越來越焦慮。她去參加社交活動，卻發現大家根本不懂她這份工作的價值。她解釋自己如何幫別人打造能在亞利桑那乾燥環境中欣欣向榮的美麗花園，但一聽到「花園」和「景觀」這些詞，大家的反應都是：「所以你是景觀設計師嗎？」夏琳會回答，不是，她沒有相關學位。對方就會露出困惑的表情，接著問：「那……你是做景觀工程的嗎？」但以她的年紀，顯然不可能去做那些粗重的體力活。由於她不符合這樣或那樣的條件，大家根本不曉得為何要聘請她。

根據夏琳的說法，情況甚至糟到這種地步：「那時候幾乎是誰給錢我都接，只要能維持生計，做什麼都行。我的收入甚至比基本工資還要低。」

她告訴我：「參加社交活動實在太痛苦了。」但她不知道還有什麼方法能找到需要的客戶，所以還是繼續參加。活動一場接一場，她越來越覺得自己被忽視、被看扁，也越來越挫敗。她的自信心受到了嚴重打擊。我遇見夏琳時，她差點就做了許多內向專業人士過去常做的事，那就是說服自己，她不具備讓事業成功的「必要條件」。她差點就要關閉公司、徹底放棄事業了。

我協助夏琳明白她的問題所在：她沒有闡述自身的獨特之處、引起對方的興趣，進而使自己成為對方心目中的最佳人選。真正的關鍵在於，沒有人像她這麼了解如何應付亞利桑那州的氣候。夏琳終於意識到，她正在做的事是其他人無法做到的——在乾旱的土地上，打造出一片能與自然地貌和諧共生的美麗後院綠洲。

不久後，夏琳再度回到社交活動中，準備了精心策劃的談話內容、能引發情感共鳴的故事，以及能突顯她特殊之處的關鍵資訊（這些你都會在接下來的章節中學到）。當別人問她是做什麼的時候，夏琳會回答，她最受不了看到人們花費大筆金錢打造美麗的後院，卻只能眼睜睜看著花草死光光。就連那些所謂的專家，也都不太知道怎麼應付這種氣候。接著，她會繼續問對方，是否認識某些人任由後院一片荒蕪，只因為覺得種不活任何東西；或者花錢聘請承包商，結果花草仍無一倖存？這種情況的確很常見。接下來，她會分享自己剛搬來時，打點花園遭遇的困難，以及如何學會讓一切與地形相融共生。然後她再說明，自己放棄了原本的全職工作，轉而專注於人生的使命：幫助人們創造出像她一樣、能夠每天樂在其中的後院綠洲。最後，她會講一個事先規劃好的故事：她曾幫某個人打理本來了無生機的花園，最終成果驚人。說到這裡，即使是原本不太關心自家後院的聽眾，也會忍不住心想：「噢，天啊，我也想要那樣！」因為我第一次聽她說時，也是這樣想的！

過去那些關於景觀設計師或園藝承包商的質疑，完全沒人再提了，價格似乎也不再是問題。沒多久，她就開始受邀去各種活動演講，生意也迅速起飛。

起初，夏琳只是希望能靠做自己喜愛的工作賺取不錯的收入，然後給丈夫一個驚喜，帶他去德州阿拉莫（Alamo）旅行。但如今，她的收入早就遠遠超出先前的期待，不僅贏得兩項極具聲望的年度小型企業獎，還收到當地電視台的採訪邀請。而這一切，都發生在她原本打算徹底放棄事業的不到一年後。

這都是因為，她找到了一種有效且真誠的人脈經營方式。

套一句夏琳在我們最近一次會談時說的話：「這證明了，開創自己的夢想事業永遠不嫌晚」。

或許你會說：「好吧，馬修，恭喜她囉。你熱愛小型創業，也確實協助了一位創業者，太好了。但我已經有全職工作了，這跟我有什麼關係？」

試想一下，假如夏琳不是自己創業，而是某間景觀公司的員工呢？她完全可以把同樣的人脈經營流程，應用在幫公司開發新客戶上。你不覺得她老闆一定會樂翻天，甚至考慮幫她加薪嗎？

又或者，如果夏琳不是直接面對客戶的人呢？如果她在公司內部建立起「專門打造能應付亞利桑那高溫的後院綠洲」的名聲，你覺得她有沒有可能獲得升遷，或者被指派負責最重要客戶的後院設計？會不會沒過多久，就有其他公司開始找她請教，甚至試圖挖角她？

不過，不必去猜夏琳身上可能發生什麼，我們可以直接看看賈斯汀的例子。

成功擴展人脈的銀行員工

我第一次見到賈斯汀．麥卡洛（Justin McCullough）時，他還是美國第一資本金融公司（Capital One Financial Corp.）的電子商務與國內小型企業部副總裁。他這輩子幾乎都在大公司上班，唯一那次創業經驗讓他背負了龐大債務。事實上，那筆債他才剛還清。在第一資本，賈斯汀負責針對小型企業制定以客戶為中心的行銷方案，這也是他過去幾份工作中的專長。他很喜歡能在工作中幫助小型企業的感覺。但問題是，他不喜歡身在這種龐大的企業體系裡，也討厭這份工作讓他一年有一半的時間都無法陪伴家人，每天的例行工作更讓他覺得毫無挑戰。賈斯汀渴望為更多企業產生更大的影響，同時也想多花點時間陪在兩個兒子身邊，看著他們長大。於是他決定再次創業，成立自己的顧問事業。

跟很多來找我幫忙的傑出人士一樣，賈斯汀最大的問題不在於能力，而是他無法用簡單明確的方式說清楚自己的價值。簡而言之，他當時能想到最好的說法就是：「我幫助企業透過以顧客為中心的體驗，獲得客戶並提升忠誠度。」我首先指出，「以顧客為中心的體驗」這種說法，對一般企業主來說，聽起來只是筆開銷，而不是迅速拓展客源的方法。這種空泛的措辭也許會引起某些人的興趣，但在社交場合中，不會有人把這樣的話聽進去。此外，賈斯汀把重點放在「工作內容」（大多數人都容易卡在這），而不是強調自己真正能創造的價值。所以我建議他，把重點聚焦在「成長」、「速度」、「迅速見效」等概念上。接著，可以進一步釐清理念，說自己是透過顧客導向，來實現企業成長的策略軍師或推手。

接著，我協助他從過往的工作經歷（無論是企業任職還是經營小型事業）中找出三個故事，作為在社交場合中闡明自己價值的素材。身為內向者，有了這些故事，以及接下來的章節中會介紹的人脈經營流程規畫，他就能順利開始拓展人脈了。

但賈斯汀還沒來得及將這些努力付諸實踐，悲劇就發生了。颶風哈維襲擊了他居住的德州奧蘭治（Orange），引發嚴重洪災，十萬多戶房屋因此被摧毀。賈斯汀和他的家人仍清楚記得，他們怎麼穿過及腰的洪水、爬上一輛巨型卡車的帆布後車廂，然後被國民警衛隊救起，送往當地教堂設置的避難所。

他們失去了一切。雖然有保險，但根本無法支應幾個月來清理殘局的花費。那幾乎耗盡了他的創業資金與個人積蓄。

家人都還忙著重建生活，賈斯汀自然不願在一片混亂中開創事業。他們需要穩定的生活、復原的時間，還得搬到新城市重新開始。他決定把夢想暫時擱在一邊，先獨自前往奧斯汀（Austin），全力找工作，才能盡快和家人團聚。

難怪賈斯汀當時會陷入恐慌，他得承受失去所有財產的壓力、對未來的不確定、養家餬口的責任、耗盡積蓄、與家人分隔兩地，還有待業的無限徬徨。在這種情況下，選擇「亂槍打鳥」也是情有可原。他打電話給每個獵頭、參加所有社交活動，還告訴每一個遇到的人，自己正在找工作。但他表現的方式，卻讓自己淪為「又一位行銷人員」這種常見角色。在某些社交活動中，潛在雇主一問起他的背景，話題便轉向颶風哈維和他失去一切的遭遇。儘管對方真心同情他的處境，卻沒有人想聘請一位只因為走投無路、別無選擇，才來乞求工作的人。

幾週後，我打電話關心賈斯汀的近況。他告訴我，他正為了找不到一份像樣的工作而煩惱。我問：「賈斯汀，你是怎麼跟這些人說的？」聽他分享完經驗後，我發現他隻字未提那些關鍵訊息、他的熱情，以及深具說服力的故事。他說，他覺得這對找工作沒什麼幫助。

我又問：「那你現在這樣做，有效嗎？沒有嘛。是時候誠實面對自己了，賈斯汀。你對透過以顧客為中心的體驗來推動業務成長充滿熱情，這件事應該寫進履歷。你也跟我說過，希望能為更多企業創造價值。你知道嗎，很多大型企業其實都是由多個中型事業單位合併而成的。那為何不在履歷中加上這一點：『對於有跨部門營運需求的組織而言，我正是理想人選』？」

「其次，我希望你明白，為了找工作而進行的人脈經營，其實和爭取新客戶是一樣的。你依舊必須努力脫穎而出，與他人建立長期關係。唯一的差別在於，這次你是為了爭取一位長期的『客戶』，而不是好幾位。所以，無論是在社交場合還是面試過程中，一定要傳達自己的與眾不同之處，並透過故事深入展現你的知識與價值。」

對於沒經歷過這種艱辛過程的人來說，雇用高階主管絕非小事。事實上，這可能是一家公司所能做出風險最高的事。但賈斯汀重新體認自己的獨特後，不再只是某個符合職缺條件的人，而成了「獨樹一格的人選」，透過社交與面試，拿到了三個很有份量的工作邀請。其中一個機會來自「設施解決方案集團」（Facility Solutions Group），這是家年營收近十億美元的商用照明、電力及能源產品服務公司，旗下囊括多個中小型事業單位。在面試中，賈斯汀分享了自己的故事，以及他對透過以顧客為中心的體驗，來協助多個事業單位成長的熱情。最後，面試官說：「你知道嗎？賈斯汀，我覺得你做這個職位有點大材小用了。但我真的覺得執行長一定會想見你，聽聽你的想法。你明天有空來和他聊一小時嗎？」

與執行長原定一小時的會面，最後持續了整整五小時。接著他們又另外花了兩天的時間會談，討論如何用各種合作方式，讓賈斯汀充分發揮他的熱情與才能。最後，他們為他設立了一個全新的職位——創新與產品長，這比他原本應徵的職位高出兩個層級，薪資也多了六位數。更棒的是，這個職位可以常駐奧斯汀，不必像在第一資本工作時那樣，需要瘋狂出差。

倘若賈斯汀沒有認可自己的獨特、熱情與故事，狀況又會是如何？他其實既聰明又有才華，應該還是能安然度過困境。但他還會拿到現在這份讓他比創業還熱愛，也有更多時間陪伴家人的理想工作嗎？也許不會。我很喜歡看賈斯汀在社群媒體上，分享和妻小共度夜晚與週末的貼文。他們在奧斯汀的新生活，看起來真的非常幸福。這就是成為「獨樹一格的人選」，並且懂得證明自身價值的力量。

當我聽到人們明明應徵的是高階職位，卻把自己包裝成某種大眾化商品時，總會感到匪夷所思。對於這些層級的職位，企業領導人想要聘請的，是能帶來獨特觀點的優秀人才。但大多數求職者卻都用同樣的方式呈現自己，然後納悶為何得不到這份工作。這就是「學會清楚表達自己的獨特性」如此重要的原因，無論是否在社交場合中。

即便是基層的職位，與其找那些裝模作樣、敷衍了事的人，有誰不想雇用、提拔一個真正了解自己獨特性，也知道如何為合適的雇主創造價值的人？雇主當然更希望與充滿熱忱且目標明確的人共事。

賈斯汀之所以能找到夢想中的工作，是因為他勇於以符合自身特質的方式經營人脈，能清晰地傳達自身的價值，也願意相信這套流程。

卸下心防，勇敢社交

希望你已經準備好要徹底改變自己的社交方式，並且像夏琳、賈斯汀等人那樣，改造自己的事業或職涯。在我們正式開始之前，讓我再分享最後一個故事，說明為何《I型優勢2》會成為我的第二本書，對我而言又為何意義非凡。

有一天，某位讀者聯繫我，說我幫助他兒子喬爾・特納（Joel Turner）在學校交到了朋友。喬爾一直對商業類書籍很有興趣，碰巧在家裡的咖啡桌上看到我的第一本書《I型優勢》。讀完之後他心想，如果促成交易的對話都能系統化，或許交朋友的談話也可以。他父親還告訴我，喬爾真的拿著我的書在學校走來走去，一邊自學如何交朋友。

我被這個故事深深吸引，也覺得好開心，想親自跟喬爾聊一聊。

喬爾告訴我，他過去總是把臉藏在帽T下，討厭眼神接觸，卻又極度渴望交到朋友。他覺得很孤單，總是不被接納。後來他開始實踐我書中的方法，主動和一些受歡迎的同學展開對話。他開始覺得自己能掌握談話的節奏，也開始交到朋友，參與越來越多活動，現在甚至還有了曖昧對象！如今，他已經徹底脫下了他的帽T（父親對喬爾有多自豪，不用說也知道）。

原本生性孤僻的喬爾，現在變得樂觀自信，對校園生活充滿期待。這轉變多驚人啊！這一切都是因為他意識到，交朋友和建立人脈，其實可以是一套有系統的方法。

運用內向性格優勢的社交方法

那麼，要怎麼從一個尷尬又不自在的社交新手，成為像夏琳、賈斯汀，甚至喬爾那樣的人脈經營高手？如同我先前提過的，關鍵就在於三個P：規劃（Planning）、準備（Preparation）與練習（Practice）。

我們將在第二章解釋，如何發揮自身的超能力，也就是你的熱情，循序漸進地啟動這個流程。說穿了，就是要把你內在深層的使命感，與你在人脈經營方面的目標連結起來。雖然聽起來好得難以置信，但這將激發你源源不絕的能量，讓你想要去社交。就在我寫下這段不久前，還看到夏琳在Facebook上發文，說她很期待參加某場社交活動。你難道不想擁有這樣的感覺嗎？

第三章探討的是關於目標客群定位，這主題出現在一本談人脈經營的書裡，乍看之下似乎有些突兀。畢竟，我們現在要討論的是如何與人建立連結，而不是做市場區隔分析，對吧？但就像賈斯汀一樣，你必須接受這個事實：成功並不是讓所有人都欣賞你，而是成為少數特定群體心目中最合理的選擇。

第四章會談論如何運用故事的力量。我會解釋故事背後的科學根據：為何用故事溝通，比只陳述事實更有效，以及故事為何是建立親和力的強大工具。這並非典型的商業個案研究；你將學會怎麼創造有情感張力的故事，以此傳達自身的價值，讓你成為唯一合情合理的選擇。

第五章裡會告訴你真正的祕訣，幫助你瞬間引發他人的興趣、讓自己脫穎而出，並徹底改變社交對話中的主導權。從此，你不會再感覺自己在強迫推銷，而是對方會因為真心感興趣，主動詢問更多細節。這正是我整套人脈經營系統中的璀璨核心，同時也是我和許多客戶經營人脈之路上的轉捩點。

在第六章中，我會介紹一個觀念：除了潛在顧客或潛在雇主之外，還有另外兩類更重要的人，是你該優先來往的對象。我也會分享我發現的某個簡單技巧，幫助你在走進社交場合前，就能辨識、分類，甚至開始跟與會者對話。當我們把社交從一連串初次見面的局面，轉變成一場場有計畫的交流時，就會感受到壓力逐漸消散。

在第七章裡，我會明確告訴你，進入社交場合時該說些什麼。我會教你怎麼規劃談話內容，讓對話朝你需要的方向發展。接著，我會說明與第六章提過的那三種類型的人交談時，各自應該達成哪三種不同的結果，讓他們對你意猶未盡，並且能輕鬆找到方式進一步了解你。

在第八章中，我們將探討離開社交場合後該做些什麼。你收到的那疊名片不會再躺在桌上積灰塵，而會轉化為引薦、合作與曝光的途徑。不必再苦思下一步該怎麼做，也不必再經歷尷尬的回電了。我會明確教你，如何讓理想的潛在客戶主動找上你。

第九章講的是建立正確的心態：要把整個過程視為一套可以持續改善的系統，而不是一勞永逸的做法。我將它比作亨利・福特的生產線。他的卓越之處，就在於不斷改進，而這正是你在人脈經營中成功的關鍵：讓這套流程臻於完善。

在最後一章裡，我會告訴你，在當地建立、累積的人脈系統，如何成為你拓展全球人脈的催化劑。一切都仰賴科技、心理學與策略的運用。

本書的終極目標，是協助你在社交場合中掌控全局，就不必再奔波於各種社交活動了（除非你真的想去）。本書將提供你實踐我這套人脈系統時所需的一切，在最後介紹的附錄中，也能找到豐富的資訊，協助你徹底培養屬於自己的內向者優勢。有了它，就沒什麼能阻礙你，成為本就注定成為的策略型人脈經營大師了。

接下來，讓我們來探索「內向者優勢人脈系統」的第一個要素：挖掘內心深處的熱情、找出你的使命——一個可以驅動一切的使命。

第二章

喚醒你的「超能力」

一件令人訝異的事實是：
抗拒社交的原因，也許並非社交本身，
而是心中的火花沒機會被點燃。

「優秀的人都有個共同點，那就是絕對的使命感。」

——美國著名銷售教練，吉格．金克拉（Zig Ziglar）

二〇一四年，我有幸第一次體驗美國的感恩節。豐盛的火雞大餐、地瓜燒與南瓜派……有誰能不愛？唯一的問題在於，我隔天一大早就得接受兩家電視台的專訪。隨著感恩節漸入深夜，我只好告辭去睡覺。布蘭妮的家人因為許久未見，當然開心地玩了一整晚……聲音也不小。在輾轉反側、斷斷續續睡了四小時後，我起床前往第一家電視台接受訪談。那場訪談一結束，我立刻趕往第二場。

現在回想起來，那一切實在太荒謬了。我當時還和以前的客戶安排了一整天連續不斷的訪談。因此，在結束最後一家電視台的專訪後，我立刻開車趕往節目拍攝現場。如果只是一些基本的對談，我或許還能簡單應付一下。但那是要和我之前的客戶（像是惠特尼．柯爾〔Whitney Cole〕、吉姆．柯默〔Jim Comer〕，以及其他後面會提到的成功案例）進行深入的案例研究，現場還有強光照明和完整的攝影團隊。

重點在於，我得提出適當的問題，讓對方不偏離主題，並確保每一場訪談都流暢且具有啟發性。要把這件事做好，最重要的就是要保持專注。即使在有充分休息的狀態下，這也絕非易事；在這樣的拍攝現場，幕後總有千百種干擾。甚至一度有攝影師在我眼前做起了瑜珈。

我本應筋疲力竭，但拍攝過程中，反而是我在推著攝影團隊前進，明明他們全都比我多睡了四小時以上，睡眠品質也好多了。拍攝結束時，可以看出他們迫不及待想收工回家，而我則依然活力充沛、樂在其中。我的精力究竟從何而來？為何周邊的人都等著收工時，我卻如此興奮？

簡而言之，是熱情使然。我渴望幫助內向的小型企業主擺脫日復一日的循環，不再為尋找有興趣的潛在客戶而疲於奔命，能懂得如何脫穎而出並達成交易，即使面對的是產業中更具規模的對手，以及那些似乎只在意價格的潛在客戶。我的使命就是幫助他們了解，只要在本業技能外專注於幾件事，就確實能夠迅速拓展自己熱愛的事業。

清晨的電視專訪，讓我有機會進一步實踐那個使命。儘管我的身體極度疲倦，即將直播的前一刻，我仍覺得精神抖擻、蓄勢待發。至於那天的客戶訪談，我知道這些影片將為陷入困境的小型企業主提供巨大的價值。我也相信，許多人會在這些客戶案例中看見自己的影子，進而明白有朝一日，自己也可能成功。正是我內心的熱情，驅使我向前邁進，讓我在理應毫無精力的一天裡，依舊活力充沛。

雖然這個故事和經營人脈無關，但它展現了我如何發揮自身的超能力。在參加社交活動前，我會先喚醒自己的熱情與使命。聽到心中「砰」的一聲，就知道我已經準備好，也滿懷期待。法國陸軍統帥費迪南・福煦（Ferdinand Foch）曾說：「世上最強大的武器，就是熱情燃燒的靈魂。」你能否想像，社交對你來說也是這種感覺？或是你對於創造影響力難掩興奮、熱情滿溢？又或者對工作充滿熱忱，連陌生人都全神貫注聽你說的每句話？甚至你的話語，就有強大的感染力與說服力？

學會我這套流程後，經營人脈對你而言，就會變成那樣——一種似乎擁有無盡能量、專注力與魅力的體驗。在社交場合的時間會變得飛快，彷彿發現了體內潛藏至今的某種超能力。當你回到家時，雖然筋疲力盡，卻充滿勝利的喜悅。這就是你的社交目標與你本身、以及你想要服務的對象真正符合時，會帶來的結果。套句美國企業家湯瑪斯・華生（Thomas J. Watson）的話：想成功，必須全心投入，也真心熱愛。談論真正在乎的事時，你會忍不住熱血沸騰、慷慨激昂。

可惜的是，很少有人能體會這種熱情，或它能帶來的成功。並不是因為他們沒有熱情，每個人都有各自熱衷的事物。這一切都是因為，他們從未花時間去發掘自己的熱情，並將其導入自己的工作中。

只要找到熱情所在（驅使你前進的「超能力」），就能將它導入你的社交活動。你將不再害怕社交，反而會愛上它！這並不是說你之後就不會感到疲憊，但那是種美妙的疲憊，就像在迪士尼樂園玩了一整天的遊樂設施、坐遍雲霄飛車後的感覺。對現在的我來說，社交就是這樣。身為內向者，參與社交確實會讓我筋疲力竭，但與他人分享熱情和使命時的興奮，反而讓人感覺不到累。此外，多虧了這套系統化的社交方法，我反覆經歷多次，對其中各種跌宕起伏已經了然於心。沒有什麼能再讓我措手不及。我只需要坐好，盡情享受就好。

做你所愛，愛你所做

我喜歡把策略型社交想像成讓火箭升空的過程。火箭的每個元件，都是構成整體社交系統的一部分。以這個比喻延伸的話，如果你的社交系統是一艘火箭，那麼「熱情」無疑就是燃料。

這就是為什麼找出真正熱愛的東西，並將它和你目前正在做或想要做的事結合起來，會如此關鍵。沒有這種熱情，雖然你還是可以展現出最真實的自己，結果也很可能大幅提升，但在社交場合中始終會感覺格格不入。如此一來，你也就缺少了將自己真正送入軌道所需的爆發推力。

我是在經過一番慘痛經驗後，才學會這個教訓。儘管我在三十歲之前就促成了五個數百萬美元等級的成功商業案例，但很多人不知道的是，這些成就並沒有真正讓我感到快樂。

我至今仍清楚記得獲頒「墨爾本青年成就獎」的那一天。我本該開心才對，畢竟，我是個因為閱讀障礙，被人多次批評「永遠不會有出息」的小孩。但如今，我卻因為創立澳洲最大的企業對企業（B2B）行動電話仲介公司，而獲得這項備受矚目的榮譽。但那天晚上，我回到自己那間擁有兩百七十度城市景觀的豪華公寓時，感覺卻……糟透了。

我花了好幾年逼自己做那些事，逼自己成功。沒錯，我確實賺了不少錢，但這一切到底是為了什麼？我不只不滿足，還非常不快樂。這幾年來我一直在說，我能讓任何事快速成長。但沒有什麼，比待在一個令人厭惡的行業裡、協助連自己都不能忍受的客戶迅速成長更糟的了。對所有職場從業人士而言也是如此：為什麼有人會願意把清醒時一半的時間，花在自己討厭的老闆和不喜歡的工作上？

如果你討厭自己的工作，那再多的人脈策略與技巧，都無法彌補你根本不想做這件事的事實。你正朝著一個其實並不想實現的目標努力，或認識一些你其實並不在乎的人。人脈經營的成功，起點是找到能點燃你熱情的事物，然後把它與你目前在做，或你渴望從事的事連結起來。倘若可以做到這一點，也就是從熱情出發來建立人脈，你就已經遙遙領先其他競爭對手了。

很多人相信，他們無法同時擁有蛋糕（追隨熱情），又吃到它（賺進可觀收入）。太多人痛恨自己花了一半清醒時間所在的地方，只為週末而活，或只能在工作之外尋找快樂。在本章中，我們要一層層剝開，找出那個能點燃你內心深處火花的東西。

最讓我驚訝的是，對許多人而言，他們的熱情其實和一直以來所做的事情有關——只是他們從未花時間把這些點連起來。

接下來，讓我用尼克找回熱情的故事，為各位說明吧。

從牛仔騎士變身保險業務員

尼克．詹森（Nick Jensen）原先是個牛仔騎士，後來成了保險業務員（這可不是我編出來的）。

我初次見到他時，他還完全沒有把熱情和日常工作連結起來。我對尼克說：「內向者不能只是走進一場社交活動，然後說自己是賣保險的。因為保險業務員不僅給人無孔不入的印象，還被冠上太過直接與咄咄逼人的惡名。如果你這樣介紹自己，大家會立刻避之唯恐不及。外向者可以靠人海戰術硬衝，但我們不能這樣。你必須用你的熱情和使命感來吸引別人。」

尼克是個非常內斂且講求邏輯的人，跟別人說心裡話並不是他的風格，大多數內向者也是如此。不過我發現，許多內向者雖然很難清楚表達感受，內心卻蘊藏著豐富且深刻的情感。

於是我問他：「尼克，你顯然是個很聰明的人，本可以選擇人生中的任何一條路，為什麼會選擇賣保險呢？」

他回答：「嗯，我想，我只是喜歡保護別人吧。」

「但為什麼是保險呢？我是說，保護別人有很多種方式啊。」

尼克說：「我選擇保險，是因為看到太多人賺了不少錢，卻從沒真正停下來想該怎麼規劃。結果一旦出了什麼事，比如生病甚至過世，他們的家人最後什麼都沒了。」

接著我問他，他喜歡幫助哪一類的人。是誰都可以嗎？他說是，但我進一步追問。幫年收入五十萬美元的人，跟幫年收入五萬美元的人，喜歡的程度是一樣的嗎？尼克的答案是肯定的，但他也說前者可以給他更多酬勞。我們還是沒能把他的熱情和工作連結起來。

我說：「好吧，我們先不談收入。那如果是那種每天努力讀書，只為了得到夢想中的工作，然後一步一步晉升的人，和那些相信自己、決定創業、每天為了打造某個東西而努力不懈的人，你比較想保護哪一種？」

「我想是創業者吧。」尼克回答。我問他為什麼，他解釋：「我覺得，他們更值得我的幫助。」

我又追問：「這是為什麼呢？」

「嗯，我看著爺爺為了讓農場成功，不辭辛勞地努力。他還雇用了一些人，讓他們得以照顧自己的家庭，甚至為退休儲蓄。但我爺爺卻從未優先考慮自己的退休生活，最後什麼也沒剩下。在經歷了一些農事困難和健康問題後，我親眼看著他不得不賣掉農場，搬到鎮上一間小房子裡。我到現在都還記得，那個曾經有著無比幹勁的男人，怎麼在電視機前逐漸形容枯槁、鬱鬱寡歡。」

「但尼克，」我說：「保險真的能幫上你爺爺什麼忙嗎？他又還沒過世！壽險真的會產生那麼大的影響嗎？」

尼克解釋說，為了協助像他爺爺這樣的人，他花了大量時間研究各種保險。在這段過程中，他發現了一種特殊類型的保單，能讓現金流高但利潤普通的企業，將手上的現金轉化為高於平均水準的報酬。他進一步說明，這些保單能幫助企業主將收益推升至真正的財富層級，同時仍保有隨時取用現金的彈性。尼克這番詳盡的講解讓我大開眼界。簡而言之，他爺爺本來可以帶著可觀的資產安度晚年。他說：「我喜歡幫助這些人善用高現金價值保單，這樣他們就不會落入像我爺爺一樣的境地。我再也不想看到有人陷入那種困境了。」

我問尼克，如果他每天醒來的目的是幫助這些企業主，確保他們不會像他爺爺一樣在悲傷中凋零、度過不快樂的退休生活，也確保他們的家人不會在最後一無所有，那會是什麼樣的感覺。

他回答：「哇，那一定很棒！」

「那讓我再問你一個問題：談論這些熱情和使命，也就是幫助企業主、全世界的奮鬥者，確保他們擁有應得的退休生活，對你來說會比較簡單嗎？向他們解釋你發現了一種特殊產品，能讓他們將高額現金流轉化為真正的財富，同時又能在需要時動用這筆資金，這不是比直接說『我是賣保險的』有效得多嗎？」

「當然！」

如今，尼克不僅比過去接觸到更多潛在客戶，這些人也更常是他真正想服務的對象。當他在社交場合與人會面時，對方都會很期待且樂於跟他交談。他的業績也大幅提升，而由於他現在是公司的頂尖業務之一，可以選擇讓家庭生活決定自己的工作時數（他向我保證，工時比以前少了很多）。

深掘內心、找出那道火花，並將它與原本從事的工作連結起來，點燃了尼克的熱情。如今的他正駕駛著自己的火箭，穩穩朝目標前進，而他樂在其中。

把所有的雞蛋放在同一個籃子裡

我有時會遇到一些人，他們並未與自己的熱情和使命脫節，甚至兩者兼具。你也許會認為這樣的人很幸運。既然熱情對成功如此關鍵，他們應該過著財務豐厚又充實滿足的生活了吧。遺憾的是，事實往往並非如此，吉姆．柯默的故事就是一個例子。

一九七〇年代，吉姆還是個在紐約名不見經傳的小演員，他申請了一份替美妝品牌「雅芳」（Avon）的三千名區域經理撰寫銷售劇本的工作。過了三、四年，他被指派為執行長撰寫演講稿。他告訴我，那是篇很棒的演講稿，但執行長卻講砸了……所以吉姆說服這位高層，接受他的簡報表達指導，就算這麼做很可能會害他丟掉飯碗。結果，這最終讓他在洛杉磯開啟了超過十年的成功職涯，成為演講撰稿人與教練。

不幸的是，在吉姆五十一歲那年，父親罹患了嚴重的中風。沒多久，母親也被診斷出阿茲海默症。幾乎是一夕之間，吉姆成了雙親的照顧者，被迫放棄在洛杉磯的生活，搬回德州的老家。

後來，深受啟發的他寫了一本書，想幫助有相同遭遇的人，書名是《當角色互換時：父母養育指南》（*When Roles Reverse: A Guide to Parenting Your Parents*），銷量超過兩萬本，也贏得熱烈好評。在重新啟動演講寫作與教練事業的同時，他也開展了第二項事業：以「照護者」為主題的演講。

問題在於，他不懂得利用各種拓展人脈的機會。當然，他有熱情，但他的「燃料」被分散在兩艘火箭上，朝著截然不同的方向前進。我委婉地建議他，必須做出選擇。他不可能同時被視為全球頂尖的演講教練，又是照護議題的專家。他的社群媒體內容看起來一下是「你需要搞定下一場演講嗎？」，一下又變成「你有年邁的父母嗎？」這樣的訊息，就跟他拓展人脈時的行動一樣令人困惑。

請花點時間思考，上次有人同時跟你談兩項事業時，你的反應是什麼。不管對方展現出多大的熱情，你心裡一定還是會懷疑，對方是否有對其中任何一項全心投入過。

可以想見，吉姆並不想捨棄任何一項。雖然他當時幾乎賺不到什麼錢，但演講撰稿與教練是他花了大半輩子累積起來的經驗。同時，他也花了很多時間照顧父母親，並投注了大量心力寫出一本自己非常在乎的書。

在反覆掙扎後，吉姆終於承認，自己真正的熱情所在，是擔任演講撰稿人與教練。如今，他的事業比以往任何時候都更順利。做出這個艱難決定後不久，他只專注投入了一些努力，就在短短幾小時內賺進了兩萬美元（稍後會提到詳情）。他現在非常熱愛自己的工作。而這一切，都是因為他重新連結了真正的熱情，並將所有心力投入其中。

點燃你心中的那把火

想在策略型人脈經營中真正取得成功，不能一味迎合他人的期待，甚至也不該迎合你要推銷的產品；你必須讓他人主動靠近你。你所做的一切，都必須忠於你本身，以及你作為一名專業人士的真實樣貌。唯有如此，你才會開始愛上人脈經營。但首先，就如同自稱是內向者的賽門・西奈克（Simon Sinek）在他的著作《先問，為什麼？》（*Start with Why*）中強調的那樣，你需要先釐清，自己為何在乎、並且願意外出社交。畢竟，如果你自己都不在乎，別人又何必放在心上？

花點時間打開YouTube，搜尋「伊隆・馬斯克發射獵鷹重型火箭」（Elon Musk Falcon Heavy launch）的影片。你可以觀察伊隆的反應，他的臉上洋溢著單純的喜悅。他對於自己在SpaceX做的事深信不疑。他很清楚自身的使命：讓人類登上火星。他也明白其中的原因：這是太空殖民的第一步。他更毫不掩飾背後的理由：萬一地球發生全球性災難，還是能帶回人類文明的種子（順帶一提，伊隆也是個內向者）。

近半世紀前，約翰・甘迺迪（John F. Kennedy）「讓人類登上月球」的使命與熱情，激發了整個國家、甚至全世界的想像力。當時，美國太空總署（NASA）背負了凌駕一切的使命。（順帶一提，甘迺迪也是內向者，就像湯瑪斯・傑佛遜〔Thomas Jefferson〕、亞伯拉罕・林肯〔Abraham Lincoln〕、伍德羅・威爾遜〔Woodrow Wilson〕，以及巴拉克・歐巴馬〔Barack Obama〕等總統一樣。）SpaceX和NASA的人都明白自己的使命，並深受領導者的熱情鼓舞。加上領導者堅定不移的信念，這種認知促使他們每天起床後，立刻全心投入工作。這種動力至今仍推動著SpaceX團隊，在慶祝完獵鷹重型火箭發射成功的歷史時刻後，馬上著手準備下一個重大任務。

認清自己使命的內向者，或者更確切地說，是認清使命背後熱情的內向者，也會有同樣的感受。這個使命不必像發射火箭那樣宏大。就像賈斯汀，他的使命是提供以顧客為核心的成長體驗，因為他相信企業的成長很大一部分應該來自服務現有客戶；又或者像夏琳，她的使命是打造能在亞利桑那高溫中蓬勃生長的後院綠洲，因為她痛恨看到人們花大錢整修後院，結果卻枯萎殆盡。

將你做的事和熱情與使命緊密連結，會讓別人願意投入他們的時間、金錢、人脈與點子。他們會想追隨你、與你合作，甚至幫助你實現目標，這種力量足以克服萬難。

不過，想達到這樣的境界，是時候進行一些內省思考了。你需要深入挖掘自己的本質，找出一直存在的那縷火花。你也必須探索，自己是如何走上這條職業道路，它又是如何與你的熱情連結。就像尼克一樣，這種連結起初也許並不那麼明顯。

要找到你這艘火箭的燃料，必須回答得出三個重要問題：

1. 在這個世界上、在職場中、對客戶、供應商、潛在客戶等等，你希望看見什麼（發生、停止、改變或改善）？
2. 你為何在意這件事？
3. 支撐這份在意背後的熱情是什麼？

此時，先別急著思考如何利用你的熱情賺錢，或是如何說服老闆讓你去實踐那個使命。我希望你暫時關掉那個會立刻否定夢想的理性頭腦。這扇門已經關上太久了，請先讓一點新鮮空氣吹進來，給自己機會去想像：「萬一可行呢？」

我不是在問你為什麼要社交，你也許是需要開發新客戶，或是在找工作。我想問的是：有什麼事，重要到讓你每天早上願意一躍而起，不是因為能賺錢，也不是因為怕賺不到錢？試著想像，到底有什麼事，重要到值得你每天早上離開深愛的人，甚至長時間和他們分隔兩地？想像一下，除了社交，你還置身各種艱難的事業與工作環境，究竟又是什麼事，重要到讓你依然保持精力和專注？

如果你跟我過去的許多客戶一樣，答案也許不會立刻浮現。你甚至可能腦中一片空白。別擔心，這種情況很常見。你可以試著問自己這些問題，幫助思緒流動：

- 我本來可以做任何事，為何選擇這個？（也就是說，為什麼我會選擇這個職業？）
- 我與自己選擇的事業或職涯之間，有任何個人連結嗎？有沒有什麼個人故事，讓我與它產生關聯？
- 在工作中，我最大的喜悅來自何處？（答案也可以來自你之前的工作或創業經驗）
- 我做哪些事情時，會覺得時間過得飛快？
- 我最討厭看到什麼事發生在（潛在客戶、顧客、供應商、同事等）身上？
- 我最喜歡看到（潛在客戶、顧客、供應商、同事等）經歷什麼？
- 在工作中，我最喜歡解決哪一類型的問題？

• 在個人生活中，我最大的喜悅來自何處？我可以怎麼讓它和我的事業或職涯有所關聯？

這可能是你第一次問自己這類問題。我過去也從未想過要自問這些，直到我獲得「青年成就獎」，卻發現自己極度不快樂為止。在這之前，我根本不覺得這些問題跟成功有什麼關聯。但現在我明白，這些問題的答案不僅是影響心理健康的關鍵，更是我能靠做自己熱愛的事賺進可觀收入的催化劑。

所以，儘管你可能會想之後再來思考這件事，我還是強烈建議你現在就停下來，花點時間好好回答上面那些問題，找出那些能讓你的人生變得更好的答案。

就像那些問題為塔瑞克．莫希德（Tarek Morshed）帶來的改變一樣。

塔瑞克第一次來找我時，還是蘇富比（Sotheby）的房地產經紀人，正在尋找突破口。他很擅長自己的工作（表現甚至可說是非常出色），但必須面對該地區數以萬計的競爭對手。起初，他之所以想提升業績，是希望有機會承擔更多領導職務、擺脫日常銷售工作的壓力，當然，也是希望賺更多錢。但一走進社交場合，開口就說「我想跟你做生意，因為我想賺更多錢、擴大我的團隊」，並不會讓人產生想跟你合作的衝動。

剛開始我問塔瑞克最在乎什麼，他總是回答：認識了不起的人，然後把房子賣出去。我問他：「是哪種類型的房子？」他說：「也許是獨特的高級住宅？」但經過我一番追問，他才透露，他其實對自己的房子很自豪。他喜歡房子位處市中心，讓他能輕鬆前往開會；他喜歡房子的格局，有助於維持工作與生活的平衡，也讓他保持高效率。我們漸漸聊得更深入，很快他便開始分享一些故事，講述自己曾如何幫助高階主管、大企業的執行長和創業家找到理想的空間。

他明白，對於經常在家工作的大多數企業主來說，住宅的地點極其重要。

他會提醒這些客戶：沒錯，或許在離市中心更遠的地方，可以找到更大或更便宜的房子，但住得越遠，參加活動就越困難。假如某場活動距離你家要四十分鐘路程，而不是十分鐘，你就更可能選擇不去，即便那裡充滿潛在客戶和賺錢機會。塔瑞克也曉得，居家工作空間的位置同樣重要。太靠近家庭活動區域容易產生干擾；缺乏自然光線與窗外景色，則會扼殺創造力與生產力。此外，塔瑞克還知道購屋的決策必須與客戶的事業發展相符。舉例來說，如果客戶的事業正進入成長期，那就不該購買需要花費大量心力維護的房子；也不該在事業即將需要投入大量資金時，購入價格昂貴的房子。

塔瑞克的熱情很快就顯露出來了。我們重新調整他的品牌定位，聚焦在幫助企業家、創業家以及知名企業的執行長，找到真正符合他們創業精神的住家。如果你人在奧斯汀、想買房，任何房仲都能幫上忙；但如果你是創業家或企業家，想找到一棟能與你的事業願景相輔相成，而非牽制你的房子呢？理想的人選只有一個。

塔瑞克甚至開設了名為「創業者之家」（*The Entrepreneurial Home*）的播客，專門訪問各領域的頂尖公司執行長與成功創業者，聊聊他們自己的居家工作空間。這讓他有機會接觸到一些原本很難建立聯繫的重量級人物。這所有轉變，源自於他認清了自己的熱情、打造出屬於自己的使命，並且向世界傳達這一切。

我們都見過這樣的人，他們走進社交場合，就像賞金獵人一樣，為了快速獲利而不斷犧牲自己的人格。那不是你該走的路。如果你只注重迅速獲得成果，是無法激發真正的連結的。你心中的願景，必須比拿到高薪或達成一次性的交易更遠大。

現在，是時候去發掘你的真實自我，以及你真正在乎的事了。與他人分享這些，正是你建立真誠連結的起點。它也是你建立豐富且有價值的人際關係的途徑，這些關係將推動你邁向最終目標。

下一章中，我會告訴你為何成功不是來自討好所有人，而是成為少數特定群體的唯一理想選擇。接著，我會協助你找出這群「特定少數」究竟是誰。

第三章

目標客群：找到彼此需要的人

經營人脈和推銷商品，
其實有著異常相似的本質——
珍惜你的差異，找到懂你的人。

「假如你想取悅所有人，最終誰都取悅不了。」

——出自《伊索寓言》，〈父子騎驢〉

當你迫切需要客戶時，任何客戶看起來都很好，對吧？就像公司裁員、你急著找新工作時，任何機會聽起來都比什麼都沒有好。所以，你開始和任何人、甚至所有人社交；畢竟，你只需要一個雇主或幾個潛在客戶答應聘請你就好。但我問你：你真的覺得什麼工作都好，就算那是你討厭的事？你真的覺得和誰合作都無所謂，哪怕對方是很糟糕的客戶？

想真正在人脈經營上取得成功，就必須停止廣泛撒網，轉而致力於成為少數特定群體心目中的最佳人選。

這群人，才是真正會主動聘請你、購買你的產品、欣賞你的工作表現，並願意支付你應得報酬的人。對他們而言，無論有多少競爭者，你都是唯一合理的選擇。

對這群人來說，你和你所提供的服務有某種獨到之處。他們從你身上看見了一些或許你自己都還沒察覺的特質，那是一種融合了你獨有的個人與職涯經驗、擁有的技能

（往往被你視為理所當然）、看待世界的角度、處理問題的方式，以及完成事情時展現的熱忱等各種因素的綜合體。

讓我用萊斯莉．希爾（Leslie Hill）的故事來說明。

萊斯莉曾是多層次傳銷公司「艾薾保」（Arbonne）的地區副總裁，該公司販售促進健康生活的美容與保健產品。不久前，她從密西根搬到了北卡羅來納州，等於完全捨棄了原本的人際圈。在此期間，她偶然看到了我寫的第一本書，並依照書中的建議建立了一套系統性的銷售流程。在最近的一次交談中，她告訴我自己獲得了非常顯著的成果。身為內向者，她很喜歡這種遇到看似無法計劃的事情時，能夠掌控一切的感覺。

萊斯莉解釋，她最深刻的領悟來自那本書的最後一章，我在那段內容談到，當你先找到並專注於某個目標客群時，銷售就會變得輕鬆許多。那一刻，萊斯莉突然意識到，自己過去經營人脈的方式完全錯了。

萊斯莉思考了自己到底想和誰合作，誰又會真正看見與她合作的價值。最後她決定，最適合她的是醫療服務供應商。更具體地說，就是那些了解營養對健康有多重要的醫療從業人員。

有了這個全新的聚焦目標後，萊斯莉決定嘗試一下。她前往當地商會舉辦的一場活動，當她走進會場時，注意到一位似乎認識在場每個人的女性。她走向那個人、自我介紹後，詢問對方正在尋找什麼樣的客戶。對方分享了自己的理想客戶，接著也問了萊斯莉同樣的問題。

萊斯莉回答：「那些『懂得』的人——懂得營養是健康的一部分的醫療從業人員。」

那個女人立刻說：「噢，我知道你該跟誰談了，就是邁克醫生！」

接著，那位女性帶著萊斯莉穿過會場，把她介紹給邁克醫生。萊斯莉說完她事先準備好的腳本（這部分稍後會提到）後，邁克醫生說：「我一直希望能遇到像你這樣的人！」不久後，他就幫自己的診所預約了四場萊斯莉的培訓研習。他還把萊斯莉介紹給另一位對她做的事非常感興趣的醫療專業人士，對方又進一步把她推薦給多位醫生與其他醫療從業人員，最後促成了許多培訓與演講的機會。

其實，萊斯莉過去就經常參加這類商會活動。但這是她第一次不再逢人就說「我在找對美容保健產品有興趣的人」，而是將注意力放在那些注重營養的醫療服務供應商上。正因為如此明確，對她所選定的目標客群來說，她就成了毫不猶豫的首選。

想讓少數人對你感興趣，就必須忽略其他人。

我再以雲端服務供應商「布萊克波特科技」（Blackbaud, Inc.）為例。線上簿記的領域競爭激烈，QuickBooks、Xero、MYOB（澳洲最大的會計軟體品牌）、Sage和FreshBooks等品牌，都砸下鉅資研發新功能、行銷與拓展客群。與此同時，布萊克波特科技卻在本已飽和的市場，逐年實現驚人的成長，而且幾乎沒有對手。怎麼辦到的？答案在於他們深知，不是每個人都是自己的目標客群，同時致力於成為非營利組織的標竿。他們不需要砸重金進行研發，可以觀察那些巨頭的動向，再將業界最佳做法融入自家產品中。由於他們對自己的目標客群瞭若指掌，而目標客群也同樣了解他們，行銷就變得輕而易舉。

在目標客群以外

當然，我不是建議你現在就放棄所有現有客戶、辭掉目前的工作，或只因為某個機會不在你的目標客群範圍內就拒絕它。當我談到理想目標客群的重要性時，經常會聽見這種回答：「對，馬修，那個族群對我來說確實很理想，我也很想跟他們合作。但如果有機會跟這個族群以外的人合作呢？我是不是就得拒絕他們？」

我總是這樣回答：「當然不是！你絕對不該在沒經過考慮的情況下拒絕任何機會。很多人都誤解了『目標客群定位』這回事。選定一個目標客群，並不代表你什麼其他事都不能做。更不代表你不能和那些已經認識你、欣賞你、信任你，或者由這些人介紹給你的人合作。我們之所以要聚焦目標客群，純粹是為了從你現有的客群或人脈網絡以外，開發新的潛在客戶或工作機會。重點是讓你把精力集中在，成為那少數族群的最佳人選。就這樣而已！」

當他們用這種方式理解了目標客群的概念，原本的擔憂便隨之消散，接著就能毫不遲疑地全心投入這個新發現的目標市場。

另一個關於定位目標客群的迷思是：你必須永遠只專注在某個特定的目標客群。這聽起來像是一種令人卻步的承諾，但讓我來打消你的疑慮：不只我自己曾從一個目標客群轉向另一個，我的許多客戶也都有這種經驗。隨著你在當前的目標客群中累積勢頭，就可以善用這股動能，進一步拓展版圖。

舉例來說，在教育領域，我曾在短短三年內，讓一家培訓公司擴展到擁有三千五百名業主學生的規模。起初，我們只專注於某個特定行業：電工技師。接著，我們開始替所有在施工現場工作的技工服務，後來又為花藝師與美髮師提供服務。在不知不覺中，醫生與律師也成了我們合作的對象。

如果一開始就提供商業教育給所有人，很可能無法達到這樣的成長幅度。即使一開始就把對象鎖定在所有的技術工人，成效可能也有限。真正讓我們實現快速成長的關鍵在於：一開始只專注在「電工」這個族群，再藉由這個目標客群累積動能，逐步擴展。

關於目標客群，最後一個常見的疑慮是：如果你參加某場社交活動，分享了你的熱情、使命與目標客群，但對方卻不屬於那個領域呢？你會如何應對？是會趕緊調整方向，還是把原先要說的話繼續說完？

你應該堅持自己的定位，理由是：你會將人脈經營帶到一個全新的層次。很快你就會準備好一套有架構的方法，來清楚說明你的使命與目標客群，同時也會掌握許多策略型人脈經營的實用技巧。你會發現自己散發出一種前所未有的吸引力與熱情，而這種熱情，會讓別人也被你的使命感深深吸引，就像萊斯莉結識的新人脈那樣。他們會想到某個同事、朋友，或其他符合你目標客群定位的對象，然後把你介紹給這些人。

事實上，我還發現很多人反而會試圖讓自己的需求或問題「符合」你的目標客群定位。他們往往會這樣回答：「嗯，雖然我不完全是你描述的那種人，但我們有很多類似的問題，我覺得你應該可以幫上忙。你願意考慮和我們合作嗎？」從你去推銷自己，變成對方想辦法讓自己符合你的定位，這在人脈經營中是多大的角色翻轉啊！

我曾經遇過產品公司、外向型人士，甚至是市值達十億美元的科技企業（這些都不是我原本的目標客群）。他們都向我解釋，我的系統和流程同樣也適用於他們；他們只是需要像我這樣有熱情、有能力的人來幫他們實現。

這一切都從某一個小眾客群開始。現在，就讓我們開始找出你的目標客群吧。

定位目標客群的基本方法

要找出最適合你的目標客群，其實比你想的簡單。只需要以下三個簡單步驟，就能找出來。

首先，如果你剛從大學（美國人說的「學院」）畢業，或剛踏進一個完全不同的新產業，那麼你可以跳過第一步。請直接進入第二步，並讀到最後，就會看到為你量身訂做的建議。

此外，對企業主與職場從業人員而言，這段過程也略有不同。這就是我將第一步分成兩個部分的原因。別擔心，最後的結果都是一樣的。

企業主的第一步

首先，請拿出紙和筆。你現在要列出兩份名單。

第一份名單，請寫下這類人的名字：當你看到他們的來電顯示時，腦中會響起「噹叮！」（就像收銀機入帳）的聲音。這些人是願意支付你應得報酬的高價客戶，而且從不討價還價。也可能是你只合作過一次，但樂意付高額酬勞的客戶。這不一定代表你很享受跟他們合作的過程，只代表你在那次工作中賺到了不錯的收入。你可以把這稱為「噹叮」名單。

第二份名單，請寫下那些經常讚美你的人。這些人也許會向別人大力推薦你的工作成果或產品，也可能是持續幫你引薦客戶的人。當你請他們幫忙寫幾句簡短的評價時，他們會寫給你整整一頁。你可以把這些人列入你的「狂熱推崇者」名單。

不要只寫幾個名字就草草結束，這兩份名單必須非常詳細。把每個曾經支付你高額報酬，或在工作上有過正面互動的人都列出來。（注意：這裡要寫的是人，不是公司。我們不是在跟公司，而是在跟公司裡的人做生意。）

身為員工的第一步

你還是得列出「嚓叮」和「狂熱推崇者」名單。唯一的差別，在於我們定義名單中這些人物的方式。

關於這份「嚓叮」名單，你必須同時考慮內部的客戶與公司的外部客戶（再次提醒，是具體的人，不是公司）。請想想你現在或過去的老闆、直屬或間接主管，甚至是同事，他們都算是內部客戶。是哪些人讓你拿到獎金、幫你大幅加薪，或在其他方面提供財務上的回報？有誰給了你能直接或間接獲得金錢收益的機會？又有哪些外部客戶總是指定要跟你合作，當他們來電時，你的公司幾乎就等於聽到金錢入帳的聲音？這些人樂意付錢給你們公司，因為他們想與你合作。

至於你的「狂熱推崇者」名單，應該列出那些總是向別人稱讚你，以及你出色工作表現的人。他們曾推薦你參與特別專案或獎項提名；他們不斷鼓勵並支持你爭取升遷；他們曾與你共事，現在也樂意當你的推薦人；又或者他們透過某個你們共同參與的組織或團體，對你和你的工作有深刻了解。這些人欣賞你、信任你，並願意為你出力。

所有人的第二步

好的，想必你手邊已經有自己的「嚓叮」和「狂熱推崇者」名單了吧？從這一步開始，無論你是企業主還是職場人士，流程都是一樣的。

現在，你得將這些名單分類。看看你在這兩份名單上寫下的所有名字，你會逐漸發現一些共通點。無論你觀察到什麼，都根據這些特徵將他們分組。這些特徵可能包括：希望獲得特定成果的需求，例如退伍軍人希望在重返民間生活時獲得職涯輔導；或是CEO想贏得像「卓越職場」（Great Place to Work）這樣的獎項；也可能是傳統零售商想要提升他們在社群媒體上的數位曝光。有些人可能希望將系統與流程導入他們混亂的工作；或是部分聽障者希望在看電視時能清楚聽到聲音；又或是產後想要重拾信心的人（是的，這些都是我客戶們發掘出的真實目標客群）。

或者，這些群體可以依照下列一項或多項特徵進行分類：

- 人口統計特徵：年齡、性別、婚姻狀況、宗教、國籍、教育程度、收入等
- 心理變數：影響人們思考與行為的信念、態度和核心原則

- 地理位置：實際所在位置、國家（地區）、州（省）、城市、郡（縣）、郵遞區號、社區等
- 行為模式：人們為何做出某些行為，以及生活中的行為模式

他們也可能有特定的需求、渴望、恐懼或共同的問題。這些可能是來自商業上的競爭需求、領導問題、長期成長中出現的不尋常停滯期，或某個人生事件導致優先順序產生轉變。我有位客戶的目標客群是同一所學校的校友，還有另一位客戶的目標客群是希望建立永久家園的空巢老人。也許你的目標客群都喜歡音樂劇或交響樂，或都是職業媽媽或全職爸爸。如同你詳盡列出名單那樣，你也要詳盡地想出各種方法，將這些名字分成多個具有相同特徵的群體。

最後，在進入下一步之前，我要先提醒一下。千萬別犯了這個錯誤：忽略那些只有幾個名字的群體。我在前一本書的最後一章中介紹過溫蒂，也說明了我們是如何根據某兩位客戶找到她的目標客群的。

如果你讀過我第一本書，應該已經知道她的故事了，但還是讓我簡單回顧一下吧。溫蒂是一位為事業苦苦掙扎的中文家教。就像其他競爭激烈的市場一樣，當地與國際上

都有競爭對手願意以極低的價格提供服務。為了幫她避開這場價格戰，我從她列出的數百位客戶，以及我們整理出的幾十個群體中，注意到某個只有兩個名字的小群體。結果我發現，這兩個人是帶著家人移居中國的高階主管。

深入了解後，溫蒂透露，她所提供的指導，幫助這兩個家庭在文化習慣迥異的國家，快速適應、成長——這遠遠超出了一般語言教學的價值。那是個幾乎沒有競爭對手的目標客群。只靠幾項策略，她就從每小時靠私人語言家教苦賺五十到八十美元，發展到能輕鬆向每個家庭收費三萬美元。

這一切，都源自我們很容易忽略的小群體。所以，儘管這過程感覺很繁瑣，我還是強烈建議你，不要忽視或排斥這些小群體，因為其中任何一個，可能就是翻轉你人生的入場券。

如果你是剛起步的人

讀到這裡，你可能會想：「嗯，那只是兩份沒什麼內容的名單。」你說對了。但當你還一無所成時，最不該做的事，就是跟那些已經累積大量實績的人硬碰硬。這正是為什麼你一開始就更該選擇專攻特定群體的原因。

當然，如果你之前是工程師，現在決定轉行做文案工作，那專門替工程公司撰寫文案，可能就是不錯的首選。

但假如你剛從大學畢業，或剛踏進一個完全不同的新產業，你就需要透過研究這些群體（例如潛在客戶或潛在雇主）的人口統計特徵、心理變數與行為模式，來設定目標客群。這些群體應該與你的整體熱情有所契合，並能讓你實踐人生的使命（我們在上一章一起找的東西）。

請注意，你對這些潛在目標客群可能還不太了解，所以我絕不是要你盲目投入。你應該盡可能深入了解一切可能的選項。你可以從收聽與這些群體相關的播客節目和閱讀雜誌開始，看看在深入了解他們的問題與關注焦點後，你的熱情是上升還是消退。你也可以參考「第一手調查」（First Research）的產業概況清單、IBIS World 的產業報告，或從相關的協會和學會取得任何資訊。你甚至可以主動聯繫已經在這些群體工作或合作的人，問他們一些問題。

最後，當你進入這個研究階段時，請記得合理分配時間。你也許會在分析每個可能的群體時，輕易花掉太多時間。請給自己設定一段時間限制，用這段時間徹底研究你的選項，然後進入下一節的內容（跳過第三步），做出選擇。

所有人的第三步

無論你是企業主還是員工，現在請拿出一支紅筆。看看你劃分出來的群體，圈出那些讓你賺取過豐厚報酬的。就像你一開始列的「嚓叮」名單一樣，這些人一打電話給你，幾乎就可以肯定那又是一筆賺錢的生意。如果群體裡的每個人都是你或你們公司的「金雞母」，就把它圈起來。若該群體內有很多人，但並非所有人都符合條件，可以考慮進一步細分，用第二步中列出的其他特徵，將符合或不符合特徵的人區分開來。

接下來，再次檢視這些小群體。這一次，請用藍筆圈出那些會大力稱讚你的人。就像你一開始列的「狂熱推崇者」名單，你知道這些人會透過引薦與好評全力支持你。再次提醒，只有該群體中的所有人都符合時，才把它圈起來。如果多數符合，但並非所有人都符合，就必須考慮進一步細分。

你會發現，某些群體只有紅色的「嚓叮」圈，這代表這些人能帶來可觀收入，卻不會把你推薦給身邊的人。雖然你能獲得豐厚的酬勞，卻也可能陷入一種陷阱：做著自己不喜歡的工作，服務那些你最終無法忍受的客戶。

你也會注意到，某些群體只有藍色的「狂熱推崇者」圈。這些人很欣賞你，你可能也很欣賞他們，但你終究得賺錢。即便你的使命是拯救世界，如果連飯都吃不起，你也撐不了多久。

最後，你會發現一、兩個，甚至好幾個神奇的群體，他們同時有紅色跟藍色的圓圈。這些群體中的其中一個，也只能有一個，就是你在人脈經營上要努力的目標客群（我稍後會告訴你該怎麼選擇）。

就這麼簡單，也就這麼困難。但請相信，你會非常喜歡和這群體合作。畢竟，有誰不愛那些會稱讚你、和身邊所有人分享你出色的工作表現，又願意付你高報酬的人呢？

做出艱難的選擇

作為企業主或職場人士，或許你已經找出兩、三個，甚至二十個同時有紅色和藍色圓圈的群體。假如你是剛從大學畢業或剛踏入一個全新產業，也希望你已經辨識出許多特徵各異的群體供你選擇。無論你目前手上有多少選項，重點來了：你只能選一個。就像第二章中的吉姆，人無法同時追求兩種源自不同熱情的使命。你必須選定一個群體，然後全心投入。當你這麼做時，奇蹟就會發生；但如果你分散焦點、追逐每一個可能性，夢想終將落空。

在管理金融投資組合時，分散風險是可行的，甚至是明智之舉，但在管理事業的重心時，絕對不能像同時往好幾個方向前進的多頭馬車。和吉姆一樣，你的時間與精力都很有限，若你腳踩多條船，就無法讓別人看見你就是最佳人選。

簡而言之，請選擇最符合你熱情與使命的群體。從長遠來看，這才是你最可能賺到最多錢、又能熱愛自己生活的選擇。不要因為某個目標客群「聽起來最合理」，就滿足於此。我希望你能選擇，那個打從心底真正熱愛共事的群體。

因為選擇「安全」的目標客群，會有個問題：永遠會有真正熱愛與這個群體共事的人。與生俱來的熱情和投入，會讓他們一飛衝天，搶下你難以企及的客戶或升遷機會。你也許一開始還能與他們競爭，但某天情勢一變，例如二〇〇八年的全球金融危機、COVID-19疫情，或產業中某個變化出現，由於缺乏和對手一樣的「推進燃料」，你很快就會開始問自己：「我做這些究竟是為了什麼？這本該是保險又實際的選擇，現在卻跟其他事一樣辛苦，我討厭這一切！我為何要這樣委屈自己？」

別讓自己落入這種境地，做出艱難的選擇吧。

找出自己的與眾不同

既然已經確定了目標客群，接下來就該找出你的祕密武器了。請先回答這個問題：「他們認為你很出色的三個主要原因是？」這問的並不是他們當初聘請你或購買你產品的理由，而是那些讓你脫穎而出的意外驚喜。

對很多內向者而言，這問題往往很難回答。我常聽到有人說：「我很容易發現別人的獨特之處，但輪到我自己，就搞不清楚了。」可惜的是，許多內向者都耗費太多時間關注自己的弱點，卻沒思索過自己的優勢。我們也經常忽視、甚至貶低那些我們與生俱來的才能與天賦，卻偏愛那些花費大量時間才學會的本領。

儘管有許多方法，能發掘讓你對目標客群不可或缺的獨特特質（可以參考附錄），我覺得其中最有效的，還是喬恩・哈里斯（Jon Harris）的做法。

喬恩是來自加州沙加緬度（Sacramento）的第二代印刷業者。不幸的是，在過去二十年裡，印刷已經變得十分大眾化。我們該怎麼做，才能讓喬恩和他員工自我介紹時可以樹立獨特的形象，而不是一家和優比速商店（UPS Store）、歐迪辦公（Office Depot）、聯邦快遞辦公（FedEx Office），或其他Google搜尋出的結果毫無差別的印刷業者？

練習進行目標客群定位，對喬恩來說很簡單。同時被紅、藍兩色圈起來的人，就是他的狂熱推崇者與最賺錢的客戶：他們都是教育培訓公司的創辦人。事實上，在喬恩擁有的幾百個客戶中，有兩家教育培訓公司貢獻了近百分之八十的營收。

我問：「喬恩，你知道這代表什麼嗎？」。喬恩說他明白，代表他所有的業務都仰賴這兩個客戶，這實在太可怕了。畢竟，萬一他們不再使用他的服務，該怎麼辦？

雖然他說得沒錯，我對這個發現的反應卻相反。我告訴他：「你可以這麼想，如果你把其他客戶全部放棄，再找兩個這樣的客戶，業績就翻倍了！」

當我問喬恩，是什麼原因讓這兩個大客戶持續回頭光顧（尤其他的收費並不是最低的），他回答：「因為他們喜歡我們的服務，而且覺得我們經驗豐富。」

「人們總是這麼說，但實際上往往不只如此。」我回應：「有許多公司都承諾提供優質服務，也有很多公司價格更便宜。你必須思考，具體而言，他們欣賞的是你的哪些經驗或服務？你給予了什麼，是他們在其他地方無法獲得的？這些正是他們每次付錢給你，或收到比你低價的競爭對手的陌生來信或電話時，心裡在想的事。」

可惜無論我問了什麼、怎麼問，喬恩似乎都無法找到我們一直在尋找的答案。

最後我說：「喬恩，你得拿起電話問問他們。」

這時，你或許會想：「我寧願拔掉自己的指甲，也不要打這通電話。」但你可能已經從第一本書了解到，我喜歡把這類互動編成一套腳本。如此一來，你在打電話時就知道要說些什麼了。你甚至可以稍微演練一下，這樣在拿起電話前會比較自在。

我替喬恩編寫的腳本像是這樣：

「我想感謝你一直以來的照顧。（等對方回應）其實，我已經跟新的教練合作了一段時間（我總是跟客戶說，可以把責任推到我身上，也歡迎你這麼做），當他問我最優質的客戶是哪些人，他能幫我找到更多類似的客戶時，我第一個想到的人就是你。可以和你與你的團隊共事，真是我的榮幸。我接下來說的話，希望你不要介意。我說出你的名字時，他建議我打給你，問問你為何一直都很關照我們。」

起初，對方都會這樣回應：「嗯，我們非常欣賞你們做生意與服務客戶的方式。」

我教喬恩這樣回答：「（對方的名字），很感激你這麼說。真的非常謝謝你。具體來說，在我們提供的服務中，有沒有什麼是你最重視的？」

提到「具體」這兩個字，會讓對方想到某些實例或細節（也就是他們心裡特別看重的東西）。這會迫使喬恩的客戶去思考一些具體細節，而不是空泛籠統的內容。

在喬恩的案例裡，我們最後發現，這兩家教育培訓公司都認為，喬恩提供的服務有極其寶貴的三大優勢。

第一，任何從事教育培訓工作的人都會告訴你，為一家公司量身訂做培訓課程時，總是必須承擔最後一刻出現變化的壓力。他們經常發覺，自己晚上十點還在當地的史泰博（Staples）辦公用品店東奔西跑、忙著重新列印某些資料，還得熬夜重新整理課程手冊，以便趕在隔天上課或班機起飛前，將一切準備就緒。而喬恩的團隊會做好上述準備工作，同時也已經習慣了最後一刻的修改。因此這些講師都知道，只要把檔案寄出，喬恩的團隊就會把剩下的部分都處理好。光是幫忙分擔這種壓力，就讓喬恩和他的團隊成了不可或缺的資產。

第二，這些講師都相信，萬一他們匆忙趕工，在資料送印時漏掉了某些東西，喬恩就會像「故障保護裝置」般介入其中、避免錯誤發生。喬恩似乎總能發現一些遺漏的重要部分。他和教育機構合作多年，腦海裡已經有一份核對清單，上面列出了一般課程手冊必須包含的東西。舉例來說，講師最常忽略的就是目錄跟頁碼。如果你曾在參加研習時碰過手冊沒頁碼的狀況，就會知道，講師要在授課內容與練習題之間來回翻找，是多令人厭煩的事。不僅讓聽講者煩躁、講師尷尬，還可能對公司造成不好的影響。喬恩的客戶都依賴他協助「最終校對」，這讓他們確信，手冊無論如何都會完美無缺。喬恩給予客戶的這份安心感，足以讓他們選擇喬恩的團隊，而不是其他印刷業者。

第三，喬恩的客戶還依靠他安排物流，將課程手冊運送到正確的會議室、飯店宴會廳或商展攤位。由於多數印刷業者都不會承擔這項複雜的工作，講師們往往得自己攜帶這些資料、把沉重的箱子搬進搬出，最後還得在搭飛機之前，將它們當作行李托運。這一切簡直是場惡夢。不過，喬恩會負責解決。因為他和許多船運公司都有合作，總是可以拿到更便宜的運費價格。發完貨後，他還會確認手冊是否已經送達目的地，有無存放在安全的地方，所以講師根本不必擔心。同理，這點也足以讓喬恩的優質客戶們繼續使用他的服務。

把這三大具體優勢放在一起，喬恩才發現自己不知不覺創造出了某種專業化服務。對他來說，這才是做生意時應該採用的方式！

我們先暫停一下，思考片刻。不管你目前從事什麼工作，我敢保證，你一定和以前的喬恩一樣。你或許覺得，自己的工作沒什麼特別，只是「提供和別人一樣的東西」。但你的工作方式以及和客戶或雇主合作的方式，都是獨一無二的。這就是你和其他人的差異。實際上，正是這些差異，讓你得以從擁有類似技能或商品的人中脫穎而出。這正是客戶欣賞你，並且不斷回頭光顧的原因。

喬恩原先只覺得，他提供了很好的服務——也確實如此。然而，被喬恩視為基本服務的那些東西，卻是他的優質客戶眼中的競爭優勢，也是他們選擇和喬恩、而不是其他更便宜的競爭對手合作的主因。換句話說，他們並沒有把喬恩歸為他自己以為的「同質化商品」那一類。

因此你該做的，就是像喬恩那樣，寫下給予目標客群的三項更高層次的好處。那就是超越你技能或產品本身的價值。

說到這裡，你的腦中可能已經浮現一些想法。那就太棒了！但請記住，我們經常會忽略某些小事。那些對你而言最輕而易舉、最自然，卻會對你的潛在目標客戶或潛在雇主產生最大影響的行為。正因如此，即使你百分之百確信自己已經知道答案，我還是強烈建議你拿起電話，親自詢問。

假如你的表現和其他人沒什麼不同，沒有人會願意支付你更多酬勞，或不斷稱讚你的能力。倘若你沒什麼特殊之處，也不會有人推薦你升遷，或把你引薦給別人。被你用紅、藍兩色圈起來的那群人，他們最清楚是什麼讓你與眾不同。

對喬恩來說，是他能處理臨時的修改需求、確保萬無一失，並協調好交付流程。

那麼你呢？

第四章

說好故事的神奇力量

人類，是憑情感做決定的生物。
一則精準到位的好故事，
遠比數據和資料更直擊人心。

「知識的傳遞有兩種方式：主動推送資訊，或透過故事把別人吸引進來。」

——無名氏

貝瑟妮・詹金斯（Bethany Jenkins）和丈夫山（Shan）經營豪華客製化住宅的建築公司。他們和團隊專門替想要擁有「稀世珍品」住宅的人服務，這類住宅價值高達三百萬至一千萬美元，設計令人驚豔。參與社交活動時，他們經常遇見想要這類住宅的人，但對方往往會說：「我們現在還在找設計師，等需要建築公司再聯繫你們。」或者說：「我們已經有喜歡的建築公司了，只是在找設計師把設計畫出來。」貝瑟妮和山也曾嘗試與房地產經紀人交流，但對方通常都會回應：「我們已經有固定推薦的建築公司了。」

但詹金斯訂製住宅（Jenkins Custom Homes）不只是建築公司，他們是一家「設計建造一體化」的公司。這個區別非常重要。在一般專案中，設計與建造是由不同公司負責，雙方通常缺乏良好的溝通，導致最後階段常常一片混亂，常會聽到建築公司說：「你得挑一下這個建材，今天就要告訴我們你的決定。」或者雙方彼此推卸責任，互相指責對方造成成本超支或設計瑕疵，結果客戶不得不居中調解。這樣的壓力會影響客戶的婚姻，蓋出客戶不滿意的房子，甚至把夢想中的住宅變成惡夢。

這就是為什麼應該選用「設計建造一體化」的公司，因為他們很清楚額外項目的費用、知道何時需要做出選擇（還會提前充分告知），也知道如何在預算內設計出客戶的理想住宅。

但要傳達這一點，對詹金斯團隊來說很困難。貝瑟妮覺得無論怎麼說，都像是在詆毀競爭對手，或是用恐嚇的方式逼潛在客戶選擇他們。但詹金斯團隊其實只是想讓人們了解，這樣的做法有什麼好處。

隨著時間過去，山覺得他無法再同時兼顧公司的建築工程和業務工作。但貝瑟妮也不想一個人負責公司的人脈拓展與銷售工作。她不想專做這種惹人厭的事。

於是，貝瑟妮和山決定要雇用一位業務員。但為了幫他們節省開支，我告訴貝瑟妮，可以建立一套系統，善用她作為內向者的天生優勢。貝瑟妮一直以為自己的性格和社交、銷售格格不入，不過她決定相信我對她的信心，親自試試看。

「可是，」她立刻問：「當我在會議或社交活動中，遇到人家說『我已經有合作的設計師了，只是想找個建築商』，或相反的情況時，要怎麼說聽起來才不會像在推銷？」

我回答：「就講個故事給他們聽。」

「比方說，你有碰過這種情況嗎：潛在客戶拿著設計師畫好的圖來找你，結果你卻得告訴他們這超出預算了？」貝瑟妮回答說這種事常常發生，我便請她說說印象最深刻的一次經驗。

貝瑟妮告訴我，有一次，有個叫梅根的潛在客戶來到他們辦公室，說明了自己的需求，還拿出設計師畫好的圖紙。她人感覺很和善，整場討論也進行得很順利。為了讓這次會議圓滿結束，山最後說：「太好了，我們會再仔細研究一下你的設計圖，然後給你一個最終報價。」

梅根卻很焦急地回應：「現在能不能先給我一個大概的數字？」對於這種要求，他們通常都會拒絕，因為準確計算出所有成本需要時間。但這個溫柔又內斂的女人卻堅持要立刻知道數字，最後山只好隨便給了個粗略的估價。梅根當場淚流滿面。

她哭訴，自己其實早就跟設計師明確講過預算了。但拿到設計圖後，她找了四家不同的建商，他們報出的價格卻都比她的預算高出一倍。梅根為了規劃夢想中的家，已經和設計師合作了兩年……但如今，五家建築公司都告訴她，這間房子根本蓋不出來。她不是得放棄蓋房子的計畫，就是得再花一次錢設計一間「將就」一點的，但她心知那根本不是自己真正想要的。「怎麼會變成這樣？」她哭著說。

我對貝瑟妮說：「雖然梅根的遭遇確實很不幸，但這個故事正好能證明（而不只是說明），為什麼分開找設計師跟建築公司的風險這麼高。」

如今，貝瑟妮在社交場合中，如果再遇到有人說：「我已經有合作的設計師了，現在只是想找建商」，她只會簡單回應：「恭喜你踏上了通往夢想住宅的旅程，這是個里程碑！如果你對目前合作的設計師很滿意，那就太好了。不過，有人跟你提過『先設計、再建造』跟『設計建造一體化』之間的差別，還有為什麼這很重要嗎？」

許多人會露出困惑的表情，然後說：「沒有耶，那是什麼？」

貝瑟妮會接著說：「嗯，其實最大的差別是……啊，不然我舉個例子好了。你知道嗎？梅根來找我們的時候……」然後，她會這樣總結：「當然，我並不是說選擇把設計跟建造分開做，就一定會發生這種事，我真心希望你不會遇到。不過，不管你最後選擇我們，還是其他設計建造整合的團隊，我都強烈建議你花點時間了解這樣的做法。」

等他們真的去了解後，你覺得誰會是唯一合理的選擇？

這樣做，是不是比自我推銷，或者讓人覺得你在灌輸恐懼，輕鬆多了？一個簡單的故事，就能巧妙避開這些問題。你並不是直接告訴對方他們做錯了，所以不會顯得像在批評；你也沒有在說教，甚至也沒說他們應該找你，或說他們的方法行不通。對貝瑟妮來說，她的故事是為了讓潛在客戶了解風險，同時對另一種做法產生興趣。這展現出她理解聽者的處境、擔憂，以及如何幫助他們避免那些問題。

梅根的故事，再加上另外兩個案例，讓詹金斯訂製住宅從經營近二十年、年營業額六百萬美元的規模，一舉飆升到隔年超過一千八百萬美元的成績。

更重要的是，這也讓一個內向者從厭惡銷售與社交，轉變為熱愛其中，還在業界大放異彩！這就是故事神奇的轉變力。

充滿吸引力的故事

思考一下，別人問你跟另一半是怎麼認識的時候，應該都有一個「我們是怎麼認識的」的故事，而且已經說過無數遍了吧？一開始，你可能講得還不是很好，但隨著講的次數越來越多，故事就會越來越流暢。你會注意到聽眾在哪些部分會傾身聆聽、顯得格外有興趣，於是你就把那些部分講得更精彩；也會發現哪些段落大家不太感興趣、眼神開始飄忽，也許你就會想：下次乾脆跳過好了。月復一月、年復一年，這甚至都快變成一場小型的精緻表演了吧？

我們都喜歡講這些真實生活發生的故事，但一到了商業場合，故事就變得單薄又平鋪直敘：「客戶要這個，我就給了他。」故事結束。為什麼我們會這樣？為什麼一到了要跟潛在客戶或雇主講故事時，我們就把那些精彩描述和情感脈絡都抽掉了？為何要捨棄所有讓故事扣人心弦、引人入勝的元素，只留下乾巴巴的事實？

又或者，更常見的情況是：為什麼我們從沒想到要說故事，一有機會卻直接進入「說教模式」？

我第一次上台演講時就犯了這個錯誤。我還記得那時，澳洲維多利亞州馬其頓山郡的經濟發展部主動聯繫我，邀請我和一群小型企業主分享銷售與行銷經驗。我受寵若驚，所以精心準備了一場資訊豐富、細節滿滿的演講，分享了各種統計數據、銷售策略、理念、話術、架構、流程以及注意事項，能講的幾乎都講了。

我以為自己是在幫那些聽眾，但後來發現，感覺更像是在對他們疲勞轟炸。

沒錯，很多聽眾事後告訴我，他們很欣賞我的熱情，也寫了滿滿的筆記，很感謝我這麼樂於分享。但我後來再也沒聽過他們的消息。

有句古老的銷售格言說：「把客戶搞糊塗，你就失去了訂單。」我失敗的原因，就在於那些細節。我給了他們太多資訊跟專業術語，在短短九十分鐘內一口氣灌輸我幾年的經驗，他們怎麼可能不暈頭轉向？不僅沒人再聯繫過我，很可能也沒人真的去實踐我說的任何一件事。

沒錯，我是讓他們知道我有多聰明了。但我並沒有激發任何人採取行動，所以最終，我還是失敗了。

有時在社交場合，會出現一種神奇的情況。你告訴別人自己的專業，對方回應：「噢，我確實需要這方面的幫助。」然後你就進入「說教模式」，問對方幾個問題，接著開始提供見解、建議與解決方案，對吧？你會覺得這樣是樂於助人，還順便展現了專業，但實際上只是在「灌輸資訊」而已。對方也許會心懷感激，知道你是出於好意，但同時也被弄得不知所措。

在拓展人脈時，你的任務不是傾倒一輩子的經驗給別人，而是要講述一個能教育並激發行動的有力故事。如果能做到這一點，聽眾會對你產生更深的連結，也會覺得自己獲得了非比尋常的價值，因此更樂意和你合作。

我開始在演講中融入精彩的故事後，越來越多聽眾告訴我，他們從中獲得了極大的價值。終於，有人開始在事後回來告訴我，說他們採用我的建議，得到了豐碩的成果。

更棒的是，還有更多人主動聯絡我，想預約諮詢、說要直接合作。這是為什麼呢？因為對他們而言，一切變得更具體可行了。他們能看見我的想法如何套用到自己的情況，明白為什麼該關注這些事；也能感受到我真的理解他們面臨的問題，並且幫得上忙。這比一股腦灌輸一堆訊息有效多了。

參加社交活動時，你可以吸引別人的注意力多久？頂多幾分鐘，對吧？在這短短幾分鐘內，你必須非常有策略地行動。

而讓對方產生「想聽更多」的感覺的最佳工具，就是故事。

說故事背後的科學理論

當我開始運用故事來建立人脈，立刻就發現了它們的力量。故事不僅讓我在分享自己的價值時感覺更自在，我也注意到，對話變得更容易開展。人們會卸下心防，真正用心傾聽。

當然，我很清楚自己的目標客群，所以我的故事都是針對這些人說的——這可能也能解釋，為什麼我經常聽到像是「我也有同樣的問題」或「我也需要你提供給他們的那種幫助！」這樣的回應。

但事情絕對不是這麼簡單。

我開始鑽研相關的科學理論後，很快就明白了其中的道理。我的第一項發現是：普林斯頓大學的神經學家烏里・哈森（Uri Hasson），找到了「神經耦合」（neural coupling）的證據。我們在聽故事時，大腦會開始跟講故事的人同步。也就是說，當我對你說故事時，我們兩人的腦波會同步！是不是超酷的？！

這在某種程度上，要歸功於「鏡像神經元」（mirror neuron）的神奇效應。一九八〇年代，義大利帕瑪大學（University of Parma）的研究人員在研究獼猴時發現了鏡像神經元。此後，許多研究人員也透過功能性磁振造影（fMRI），在猴子與人類身上證實了這種現象。

這個現象是這樣運作的：如果你看到我在舔霜淇淋，你大腦中的相關區域就會發射訊號，就像你也在吃一樣。這也是為什麼當球場上有人受傷時，觀眾會集體倒抽一口氣，因為每個人或多或少都透過鏡像神經元，感覺到傷痛就像發生在自己身上。某種程度來說，我們的確可以「感同身受」。

就如同哈森發現的，我們在聽故事時也會出現這種反應。如果你在聽某人描述自己手臂骨折的經歷時不禁縮起身體，那就是你的鏡像神經元在與對方同步。這也是為什麼我們在看恐怖電影時會感到害怕。明知道自己只是在電影院或家裡，理性上沒有任何理由恐懼，但我們還是會被嚇到，因為鏡像神經元會自動與螢幕上的虛構角色產生共鳴。

所以我們聽故事時，會不自覺地感覺那件事正發生在自己身上。這也是為什麼貝瑟妮的潛在客戶會對梅根遭遇的「設計災難」感同身受，因為他們的大腦認為，自己也參與了這樣的體驗。

這代表，如果故事結構安排得當、講述得好，在故事結尾時，你和聽眾就等於一同經歷了一段旅程。從大腦的角度來看，你們此刻擁有了一段共享的經驗，這會促進真正的連結。

我的第二項重大發現是，故事會讓邏輯腦暫時短路，讓你能直接與情感腦對話。在社交場合中，這能為你帶來巨大的優勢。

當大腦的邏輯相關區域聽到事實與細節時，會思考：「這對我來說行不通，因為……」或「我真的有時間做這個嗎？」但情感相關區域不會分析這些邏輯細節，它聽到某個故事時，就只是靜靜地聽。就好像大腦興奮地大喊「故事時間到啦！」然後翹起腳，享受接下來的內容。

想明白為何會如此，我們必須先快速了解一下大腦的運作方式。對一般人來說，最適合用「三重腦」（triune brain）[1]的模型來理解。根據這套模型，人類的大腦基本上分成三個區域：

- 新皮質（neocortex）：負責我們的意識與邏輯思維
- 邊緣系統（limbic system）：負責我們的情緒
- 爬蟲腦（lizard brain）：負責我們的各種本能

我們真正意識到的，其實只是新皮質中的思考活動，也就是我們所理解的「思考」。但正如諾貝爾獎得主丹尼爾・康納曼（Daniel Kahneman）和其他許多研究人員證實的，我們大多數的決策，其實都是從爬蟲腦與邊緣系統，也就是所謂的「潛意識」開始的。爬蟲腦會不斷尋找危險訊號，並將事物歸類為「朋友」或「敵人」；而邊緣系統則會把情緒與我們的經驗連結。這就是為什麼你吃完某間餐廳食物中毒過一次後，一想到要再去那裡吃飯，就會覺得反胃，因為邊緣系統想起了上次的糟糕經驗。

作為內向者，你在社交場合中可能會因為突發情況手足無措、僵在原地，或做出會讓自己後悔的反應，這正是爬蟲腦在作祟。當你回到家後，也許會對自己說過或沒說出口的話感到懊惱或生氣，這就是情緒腦開始發揮作用了。而隔天，你會心想：「該死，那時我應該說……」，此時，才輪到你的邏輯腦登場。

出現新的資訊與事實時，爬蟲腦會開始執行任務，判斷資訊的來源是「朋友」還是「敵人」。而任何我們不太認識的人，通常都會迅速被歸類到「敵人」那一邊。

相信你一定親身體驗過這種情況：對方連你講的內容都還沒花時間思索，就跟你說「但我的情況不太一樣」、「這對我而言行不通」、「這聽起來不太可能」之類的話，甚至連解釋的機會都不給。那是因為他們的新皮質正在啟動，以保護他們。

透過說故事激發的鏡像神經元，有個驚人的特性：能繞過這些心理的「守門員」。因為鏡像神經元在腦中被激發，我們的邏輯腦就會自動判定資訊的來源可靠。這並不代表人們一定會相信故事，但相信的機率確實大很多。此外，他們會忍不住被好故事吸引。

（當然，故事的效力越強大，責任也就越大。所以，請不要捏造故事，也不要利用故事來推銷劣質產品或服務。花點時間找出你真正相信的東西，再和身邊的人分享這些

1　譯注：美國神經學家保羅．麥克林（Paul Maclean）在一九六〇年代提出「三腦一體論」，試圖從生物演化的角度來解釋人類大腦的發展。

驚人的成果。）

我想和你分享的最後一項發現，源自史丹佛大學教授珍妮佛・艾克（Jennifer Aaker）的研究。她發現，和單純陳述事實相比，將資訊放進故事裡，人們能記住的訊息量高達二十二倍之多。

想想看，這是多大的優勢啊，尤其對於那些銷售複雜產品或服務的人。

記得還在推銷電信服務時，我偶爾會看到潛在客戶的桌上，堆著一疊其他業務員留下來的產品型錄。比起擔心激烈的市場競爭，我反而對此感到興奮。因為我知道，只要把想傳達的資訊放進故事中，這些潛在客戶記得我說的內容的機率，已經遠高於從其他業務員那裡聽來的總和。

此外，多虧了神經耦合的力量，我也知道該透過故事「展示」我們能做到什麼，而不像其他人一樣只是「告知」。這段過程能為雙方創造出共同的經驗，建立真正的連結，也就大大提升成交的機會。

我知道，光是把資訊放進故事裡，就能讓人記住高達二十二倍的資訊，這可能有點難以置信。儘管我親身獲得了不少成功，一開始也還是很難相信這一點。

正因如此，當我在台上分享這些資訊時，會帶領聽眾進行一個心理練習，讓他們自己親身體會這個事實。

我會挑選一位自願的聽眾，然後告訴他：「現在，請記住這三樣隨機的東西：椅子、粥、床，不能寫下來。」

這些聽眾通常會有點不安地回答：「好吧。」

「一年後，我會再回來找你，要你告訴我這三樣東西是什麼。噢，還要按照我剛才說的順序。你覺得你記住的機率有多大？」

他們通常會笑著說：「根本不可能記得住啊！」

但當我要在場的聽眾回憶一下「金髮姑娘與三隻小熊」（*Goldilocks and the Three Bears*）的故事時，每個人都會笑著點頭，表示他們明白我的意思了。

即便你已經很多年沒說、也沒聽過這個故事，都還是會記得大概的情節：小女孩坐過幾張椅子、吃了一些粥，還睡了幾張床。

那如果我現在再問你一次，你還會覺得要記住「椅子、粥、床」的順序很困難嗎？當然不會。因為這些資訊不再是隨機的清單，而是已經附著在故事中了。

你也許不記得上週三晚餐吃了什麼，但你一定知道灰姑娘的馬車是在幾點變回南瓜的。因為我們會記得故事。

在商業場合說故事

當我建議人們善用故事時，很多人都會以為需要準備幾百個故事。畢竟，每個客戶或雇主都是不同的，對吧？但這正是擁有明確目標客群的好處：這些人面臨的問題大致都相同。所以，與其準備大量的故事，其實只要想出三個故事就好——分別對應你目標客群主要的三種問題、渴望或需求。

想構思出三個有說服力的故事，只需要問自己以下三個問題：

1. 我的目標客群目前正面臨哪三個主要問題、困擾，或最想達成什麼成果？（這部分在上一章已經探討過了。）
2. 針對前述的三個問題或目標，我會建議什麼樣的解方、做法、策略、產品或實施方式？
3. 我（或我們團隊）是否有過實際案例，可以說明某人也曾遇到其中某個問題、困難或渴望，後來採用我的建議，獲得了正面的成果？

很簡單，對吧？

稍後，我會教你如何設計出能引導、激勵人們展開行動的故事架構。但在這之前，先給你三個建議。

第一，不要試圖用一個故事來涵蓋三個問題、困境或目標。例如，我提供貝瑟妮的協助也不只是說故事。事實上，這本書中大多數的案例都不止一個解方。但在陳述他們的故事時，我不會把所有細節塞進去，只會說明和當下主題最相關的部分。所以在貝瑟妮的案例中，我會聚焦在她如何透過「說故事」，讓年營收從六百萬躍升成一千八百萬這個關鍵轉折。雖然很容易會想把其他重要元素也加進去，尤其當它們同樣帶來好成果、彼此又息息相關的時候，但這麼做只會讓潛在顧客或雇主覺得不堪負荷。記住，你的目標是激勵對方採取行動，不是用資訊把他們淹死！

第二，即便你覺得自己可以想出十個超棒的故事，我還是建議你先從三個開始。你可能會驚訝地發現，根本用不到其他故事。儘管我現在已經有數十個故事，在社交場合時，我還是會反覆使用同樣三個。為什麼？因為它們有效，而且我已經講過幾百遍了，簡直跟講我和我妻子相遇的故事一樣熟練。（千萬別讓她知道，這幾個故事我搞不好講得更好！）

第三，請記得，你要講的不是自己的故事，而是你曾經幫助過的那個人。這就是故事打動人心的地方。

接下來，讓我舉個例子。

二〇一八年，我受某家市值數十億美元的企業聘請，負責指導他們的銷售團隊如何有效運用故事。在其中一部分合作內容中，我們約定，我會找出三則故事、親自撰寫，並不看稿地講出來，以展示學習和傳達故事究竟有多簡單。

為了找出最合適的故事，我訪談了五個不同的小組。在某次通話中，其中一組的成員描述了他們的某個重大成功案例：幫助一個大型政府機構遷移到雲端。在結束通話前，我用大約四十五秒的時間把故事重述了一遍。其中一位組員對於我能這麼輕鬆又有說服力地重述整個故事感到很驚訝，於是問我：「你是怎麼做到的？」

「靠的是一個公式。」我回答道（就是我即將分享給你的那個）。「不過，」我繼續說：「這個故事還缺少兩個能讓它更精彩的元素。首先，你們剛剛告訴我的是某家公司和他們資訊長的故事。那位資訊長叫什麼名字？」

「大衛。」其中一個人回答。

我回應：「直接說出這個人的名字，而不是只提他的公司名稱或職位，這點很重要。」我接著解釋說，人們無法感受到一間公司或某個職位背後的情緒，但卻可以真切感受到大衛在經歷重大科技轉型時的情緒，例如對事情可能出錯的擔憂、遇到問題時的壓力，以及如果成功實施，會對職涯帶來什麼影響的期待。這些我們都能感同身受。

我繼續說明第二個缺少的要素，我跟團隊說：「你們其實早就建議大衛要採用雲端系統了，那為什麼他現在才決定要行動？是什麼改變了？」

他們不知道。

大多數人都不清楚自己故事的所有細節，但這並不代表可以把細節省略。就像前面提過的印刷業者喬恩，你得拿起電話去了解實情。即便你自認已經掌握全部資訊，我還是建議你這麼做。那些我們壓根沒想過的細節，往往才是故事裡最精彩的部分。

結果發現，大衛原先一向抱持著「如果沒壞，就不用修」的心態。但就在聖誕節前夕，他們的內部伺服器崩潰，導致無法發薪。

你能想像如果你是大衛，在即將進入年底的消費旺季時，卻要承擔所有員工領不到薪水的責任嗎？他整個聖誕假期都在擔心自己會丟掉飯碗，日以繼夜地設法讓系統恢復運作。他對這場災難帶給團隊的壓力也充滿罪惡感，因為這讓他們幾乎整個假期都無法和家人團聚。

大衛討厭自己成了那個毀掉大家聖誕假期的「罪人」。於是，如同大多數人會做的那樣，假期一結束，他立刻決定將所有資料遷移到雲端，以大幅降低再次出錯的機率。

注意到補充細節對整體敘事的影響了嗎？加上「聖誕節前夕伺服器崩潰」、「大衛整個部門犧牲和家人相處的假期」、「全公司的員工都領不到薪水買禮物」，甚至「連房東都跑來催繳房租」等描寫，這些與大衛情緒相連的細節，讓整段故事情感更豐富，也更立體、更動人了。

我只用了三個故事，就推動事業快速成長。我大多數客戶也採用同樣的方式，即便營收數百萬美元的企業也是如此。我們不追求故事的數量，而是確保每則都結構完整、情感飽滿、聚焦於真實的人。我們會花時間真正理解細節，認真思考其中的每一個要素，同時堅持每次只傳達一個核心訊息。正因為花費時間與心力處理、不過度複雜化，這些故事幾乎每次都能發揮效果。那麼，要如何說出一個好故事呢？其實真的很簡單。

好故事的結構

一個有力的故事，包括四個主要部分：

1. **問題、渴望或需求：**故事要從某個真實人物「遇到你之前」的狀態說起。在你出現之前，他們的生活是什麼樣子？在努力實現什麼人生目標？對什麼感到期待？正經歷著哪些痛苦？他們遇到了哪些問題？是否擔心會失去工作、拿不到年終獎金？什麼事讓他們輾轉難眠？是否有任何他們當時尚未察覺到的隱形成本？請詳細描述這個人在工作與生活上面臨的困境。他們的問題造成哪些經濟或情感上的代價？家人／老闆／員工／客戶為何對他們不滿？重點在於強調情緒，讓聽眾真正同理主角的處境，彷彿自己也正在經歷同樣的苦惱與心酸。這部分建議占故事大約三十五％的篇幅。

2. **分析與實施過程：**這部分要分享的是故事主角頓悟的經歷、領悟的道理，以及改變的歷程。請記得，故事的重點不是你。盡量避免使用「我做了什麼、我建議了什麼」這類語句，使用更多協作式的語言，例如：「當我們一起實施第一階段時，大衛發現遷移資料的過程其實很簡單，終於鬆了一口氣。」我還是要再次強調：不要說教。你應該不想喚醒聽眾的邏輯腦吧？要讓他們覺得「故事時間到了」，然後盡情享受這場表演。建議這部分最多占整體篇幅的二〇%。

3. **成果**：這一段要呈現的是「改變之後」的狀態。你要回顧他們節省了多少成本、避開了哪些麻煩、實際得到什麼成果。他們是否因此賺錢，或至少停止虧損了？是否變得更健康、更苗條、更快樂、壓力更小，或晚上睡得更好？是否有更多時間可以陪伴孩子？是否獲得了什麼意想不到的好處？請描繪出美好的畫面，也就是聽眾真正想要的結果。別忘了強調這些改變帶來的情緒上的釋放與滿足。建議花大約三十五%的故事篇幅在「成果」這部分。

4. **教訓／深層領悟**：千萬別讓聽眾自行得出結論，因為你永遠無法預測他們思緒的走向。講故事的人總會認為其中的道理顯而易見，也確實如此——但每個人的「顯而易見」都不同。別把這件事交給運氣決定，請明確說出你的重點，就像童話故事或《伊索寓言》結尾總會點出寓意那樣。我成長過程中最喜歡的電視劇之一是《醫院狂想曲》（*Scrubs*），在每集最後，主角傑迪（JD）總會說出他從那集經歷中學到了什麼，這個收尾總能讓我真正明白核心訊息。如果少了這一段，我可能根本不了解整個故事的主旨。在故事結尾，你要讓聽眾明白他們為何需要幫助，並且認定你就是那個最適合提供幫助的人。沒有什麼比清晰且強而有力的教訓更能達到這個目的了。請將故事的最後一〇%篇幅用在這裡。

請記得，你要展現的不只是對產品或服務的了解，更重要的是你對聽眾的完全理解。想做好這件事，細緻描繪問題、渴望或需求是關鍵。我發現多數人往往只對問題輕描淡寫，例如說：「這位客戶缺乏顧客，因此想拓展客源。」但實際情況絕不是這麼簡單。因此，我們先花點時間，把視野放寬一點看。

一個問題通常會伴隨三種成本：

1. **經濟成本：**這個問題對他們造成了哪些損失？損失包含金錢浪費或虧損、額外的勞力與材料、流失顧客、錯過最後期限、產生罰款等。他們實際損失了多少金錢？

2. **機會成本：**這通常是更大的數字，或更重大的影響。他們錯失了哪些潛在機會，像是他人引薦、回頭生意，或是顧客／專案／合約？這個問題是否阻礙他們減肥、實現目標、在工作中承擔更多責任，或花更多時間陪伴家人？換句話說，這個關鍵問題是否阻礙他們取得其他東西，或被賦予其他機會？

3. **情緒成本：**這個問題對他們本人、家庭、團隊或其他利害關係人，造成了什麼心理負擔？是否引起壓力、擔憂、焦慮或失眠？是否讓家人感覺被忽略、不受重視，甚至因此傷心？

我分享一個故事，讓你更清楚這一切是如何串連起來的。

我剛開始銷售國家認證教育課程的那段期間，曾和一位小型企業主約好碰面。他名叫喬，從事電氣工程。

雖然很高興能成功約到這次會面，但喬的辦公室在利利戴爾（Lilydale），距離我辦公室要大概一小時車程。去程一小時，面談大約三十到四十五分鐘，再加上回程一小時，這趟行程幾乎會占掉我整個上午。

我終於抵達，和他在辦公室坐定後，照例先問了這個問題：「喬，你在經營事業上，遇到最大的問題是什麼？」

「我事業上其實沒什麼問題。」我可以感覺得出來，他當時大概心想：「這小子是哪位，幹嘛一直要我承認自己有問題？」

「真的嗎？因為在過去三十天內，我跟六十位電工聊過，他們都說他們有這些、那些或這個問題。你確定你都沒碰到嗎？」

這時，客戶通常都會說：「呃……其實我也有這些問題，還有其他幾個問題。」這就是擁有明確目標客群的好處：你往往比對方更了解他們自己。他們會自然卸下心防，而你從業務變成了顧問，他們便開始全盤托出。

但喬卻說：「沒有欸，確實沒碰到。」

還記得當時的我心想：「天啊，接下來要怎麼辦？我大老遠開車過來，可不想白白浪費掉半天的時間！」但表面上我只說：「那……你有沒有任何其他困擾？」

他摸了摸下巴說：「唔，非要說有什麼問題的話……大概是我員工有時候工地收尾沒做好吧。」

我立刻抓住這細微的破綻：「那這樣的狀況，會造成你多少損失？」

「不多啦。頂多就是偶爾得多派半小時的工時，叫他們回去收拾。」

所以這問題的經濟成本幾乎可以忽略。那我就切入機會成本這部分。

「可以問你一個問題嗎？你現在還會親自跑客戶現場嗎？我是說，真的動手工作的那種。」

「當然會啊，但沒有員工那麼多啦。我一個月大概會接十個客人，我底下每個人接的大概是我四倍。」

「這樣啊，」這時，我已經慢慢抓到了節奏：「那你自己接的那些客戶，會介紹其他人來嗎？」

「常常啊，十個人裡面大概至少有三個會介紹人來。」

接著，我引導他談談「引薦生意」與「新業務」的品質差異。結果發現，陌生客戶打來的電話多半只是些瑣碎工作，例如安裝吊扇之類的。真正賺錢的工作都來自引薦，例如重拉整間工廠的電線，這種大型案子動輒數千美元。

「哇，」我回應：「那你的員工也跟你一樣，會有客戶介紹其他人來嗎？」

「偶爾啦，但一個月能有一、兩個就不錯了。」

這時，我就能用他自己提供的數字，幫他看清楚錯失的商機：「所以你的意思是，你一個月看十位客戶，至少能拿到三個引薦，光這三個就能讓你賺進三千元，有時甚至更多；而你的員工，每個人接觸的客戶數是你的四倍，卻頂多只帶得回兩個引薦嗎？」

「沒錯。」他一臉困惑地回答。

我繼續追問：「這讓我有點擔心。雖然你不可能親自跑那麼多，但假設你親自做那四十個案子，而不是讓你那些員工去跑，光靠引薦你每個月就可能進帳一萬兩千元。可是現在你實際上只拿到兩千元，也就是說，每個員工每月就讓你損失大約一萬塊的引薦收入。那你總共有幾位員工？」

喬的表情開始凝重了起來：「五位。」

「哇，那你每個月光是流失引薦客戶，就損失大約五萬美元。你有沒有想過，你的員工之所以拿不到那麼多引薦，就是因為他們收工後沒有好好清理現場？會不會是因為他們沒有接受適當的顧客服務訓練，才認為清理善後不重要？我在想，會不會還有其他你沒察覺的問題，正在默默發生？」

「我從來沒這樣想過，也許你說得對！」

我們發現了重大的機會成本。接下來，再來看看情緒成本。

我接著問：「喬，你現在知道你的員工光是因為沒善後清理，可能每個月就讓你損失五萬塊，這件事會讓你壓力很大嗎？」

「嗯，現在會了！」

我又問：「那我再問你個問題。有沒有過某個星期五晚上，就在你準備下班回家的時候，接到一通客戶的抱怨電話，說你的員工沒清理乾淨，你只好親自跑去處理，結果錯過小孩的舞蹈表演或足球比賽？」

「這種事整天發生！其實，我女兒到現在都不跟我講話，因為我上週錯過了她學校的戲劇演出。但能怎麼辦？我得養家餬口啊。只要Yelp或Google上出現一則負評，我們就死定了。」

身為業務，都會明白這樣一個道理：人是憑情感做出決定，再用邏輯去合理化這個決定。一旦喬意識到這個問題在情感層面上造成多大的損失，他就會買單了。他立刻就想動手解決。至於經濟及機會成本，則提供了他的邏輯腦可以接受的理由。

之後，這成了我在社交場合最喜歡分享的故事之一。按照前述公式，我會花約三十五%的時間解釋，喬如何從剛開始以為沒問題，到後來發現那些微小的經濟成本、巨大的機會成本，以及對他本人和家庭造成的沉重情緒成本。接著，我會用約二〇%的時間，談我們如何為他的團隊提供客服培訓課程、他們有多喜歡這種快速培訓模式、對我們針對技術行業的講師讚譽有加，以及他們有多享受這整段過程——我會特別強調，技工們喜歡上課是多罕見的事。

然後，我會花約三十五%的時間說明成果：

- 喬每週省下幾小時工時，不用再派員工回頭收拾善後，也不必親自出馬。

✓意外的驚喜是，他不再需要打廣告，因為光靠引薦就已經忙不過來了（這還是因為他後來大大推薦我們，我們才發現的）。

✓在短短幾個月內，他的員工就從平均每拜訪四十個客戶，「運氣好」才能得到一、兩個引薦，進步到平均能拿到七到八個引薦，也就是每個月至少多賺兩萬五千美元，一年就多賺三十萬美元（其實等於業績翻倍）。

✓他、他的妻子和女兒現在都更開心了，因為他更能掌控自己的生活，也有更多時間陪伴家人，還開玩笑說全家人現在終於又肯跟他說話了。

接著，我會分享這個故事的教訓：「你可能覺得自己的事業沒什麼問題，但真正讓你損失巨額金錢的，往往是那些連你自己都沒意識到的問題。想像一下，如果喬早一年遇到我的話，他至少會多出三十萬美元的存款，還不包括節省下來的廣告費。而且他還能多出整整一年，和家庭相處得更幸福。」

再想像一下，你是一位自認為沒有任何問題的電工，而我向你講述了這個故事。你難道不會想邀請我去辦公室，或至少找時間喝杯咖啡、聊聊天，以確保自己的想法完全沒問題？

這就是一則條理清晰且生動飽滿的故事的力量。它是你建立人脈時的祕密武器。

第五章

用與眾不同定義自己

所謂定義自己，不只是介紹技能，
而是從精神層面確定「你是誰」。
這，是吸引注意、開啟自然對話的關鍵。

「如果你生來就獨樹一格，又何苦要融入大眾呢？」

——蘇斯博士（Dr. Seuss），著名童書作家

惠特尼．柯爾的理想事業很快就變成了惡夢。

她剛成為文案撰稿人與內容策略師時，一切都很順利。她成功找到了四位客戶，每一位都先付她兩千五百美元的訂金。她不但做著喜愛的工作，還能自由支配時間。這種生活看似很美好。

可惜，這種穩定的收入只持續了一陣子，在接下來短短幾週內，四位客戶突然只剩下兩位，她的收入隨之減半。

面對這種狀況，惠特尼立刻採取行動。但努力尋找客戶的同時，她也面臨競爭日益激烈的新型全球市場中各種不利的現實。她第一次發現，自己除了要跟當地的公司與自由工作者競爭，還要與世界各地的同行競爭。有許多公司為了生存，甚至願意把價格降到最低。此外，她也發覺自己得與數百萬名「數位遊牧者」競爭，其中有很多人都住在泰國或哥倫比亞的海邊、享受著低廉的生活成本，願意為了微薄的收入而工作。

惠特尼感覺自己被困在一個提供大眾化服務的產業裡。這個產業中，人們都覺得長期付訂金沒什麼好處，同時她也覺得壓力很大，因為她得和其他同行一樣，把價格訂得極低。她加倍工作，賺到的卻少了許多，而且缺乏實質收入保障。

這已經很艱難了，而在接下來的九個半星期裡，我們的時間好不容易可以搭上，她的情況卻又變得更糟了。有位客戶決定不再將工作外包給她，所以她的固定客戶只剩一位。我記得初次會談時，惠特尼告訴我，她那時的收入比她付的托兒費還要少。如果不能盡快幫她解決，她的事業就要走到盡頭了。

幸好到了那個階段，我已經評估過惠特尼的事業，並幫她準備了一套計畫。評估過程中，我發現，她似乎對醫療科技領域很感興趣。她沒有特別提及自己與醫療科技有何淵源，但我可以感覺出她話語中埋藏的訊息。我問起這件事時，惠特尼驚訝地說：「真不敢相信，你竟然注意到了。嗯，其實我不太跟別人談這個，但……。」她接著解釋，如果不是醫療科技的新進展，她根本無法在三次心臟手術中活下來。她說話時，我能從聲音裡感受到她內心的激情。當然，因為醫療科技挽救了她的生命！

於是，我說：「讓我們一起探索這份熱情吧。我先問你一個問題：像可口可樂和紅牛（Red Bull）這種公司，他們的產品可能會對健康產生負面影響，但他們有龐大的行銷預算，讓媒體充斥著各種廣告，導致很多本可改善生活、將拯救生命當作使命的醫療科技，難以在這種喧囂中被注意到。面對這種狀況，你是不是有些沮喪？」

「是的，這令我非常沮喪！」

「那換句話說：學習具有針對性的新型行銷策略，可以讓你得到許多樂趣，而且你也很喜歡把這些行銷策略結合你的既有知識，協助那些助人為本的醫療科技公司，讓他們的產品穿越喧囂環境，最終呈現在急需的人面前？」

「噢，天啊，正是如此！」

「太好了！我想到了你會感興趣的目標客群。請你先告訴我，為什麼這些公司會在內容行銷與行銷策略上碰到困難？」

「原因很簡單，他們都犯了同樣的錯誤。」惠特尼解釋說，多數醫療科技公司在撰寫行銷文案、分享社群媒體貼文時，都沒有想到理想目標客群的需求，這造成他們分享的內容只有兩種目的：讓自己的高爾夫球友刮目相看（像是吹噓自己有新的創投基金投資），或在電子宣傳冊、白皮書裡強調自家商品的新功能（卻沒有向潛在終端用戶說明這些功能的意義）。

她接著說：「在電子宣傳冊、社群媒體管理與內容行銷上花費數萬美元之後，他們就放棄了，然後又將預算重新花在付費廣告上。這開啟了惡性循環，因為一旦他們停止花廣告錢，他們的客戶來源就枯竭了。」

她對這個潛在市場的理解之深讓我很驚訝，但在我提起之前，那個市場對她不過是另一個客群。所以，我進一步追問：「惠特尼，你認為你可以為這些客戶做哪三件事，來幫助他們解決這個問題？」（這就是我們前面探討過的：「你的目標客群目前面臨了哪三個主要問題？」這裡只是換種說法。）

她說：「很簡單，第一，我會協助他們明確說明自己的定位，這樣就能確定目標客群，以及他們為何需要這些產品。第二，我會審視他們目前的文案內容，讓他們發現自己在所有行銷管道上分享的東西，其實都與定位無關。然後，我會根據我對文案內容的想法畫出一張樹狀圖，讓這些想法聚焦在他們的定位上，這樣我就可以在之後幾週或幾個月內編寫相關內容。第三，由於文案內容只在呈現給正確受眾時才有用，所以我會擬定一套計畫，以確保他們在正確的時間、用正確的管道分享正確的內容。」

我這樣回應：「惠特尼，這個提案很好。我知道，你原本工作的核心是長期文案撰寫服務，但請耐心聽我說：如果你暫時捨棄這個部分，你就有了我所謂『特洛伊木馬方案』的條件。」

我解釋說，不管在任何產業，很多潛在客戶都不願意承諾重複訂購你的服務，尤其和剛認識的人合作時更是如此。這個問題，我們可以透過一套完善的銷售流程來克服，但我覺得我們應該先重新制定決策，來使銷售變得更容易。

「特洛伊木馬方案」的目標正如其名：針對目標客群的要害下手，以此攻破他們內心的那道防線。在沒有跟潛在客戶提到長期文案撰寫服務的情況下，惠特尼可以試著把自己定位成公正客觀、值得信賴的第三方專家，藉此突破客戶心中的防線——她能協助身陷困境的醫療科技公司，找出目前行銷策略與文案內容的問題。

我跟惠特尼說明，這樣一來，她就可以將那些有用的建議方案，定價為三千五百美元。這些公司的執行長聽到她所建議的長期文案服務後，很可能會跳過提案環節、直接請她寫文案。她甚至不用自我推薦，就能獲得長期客戶。

聽完我的解釋之後，惠特尼開始有了興趣：「那真是太棒了！」

此時，惠特尼已經擁有在醫療保健產業占據主導地位所需的一切。但她還缺少一項成功的關鍵條件，那就是如何讓自己從同行裡脫穎而出。

我跟惠特尼解釋說，無論她的想法有多棒、對這個產業有多少熱情，只要她把自己介紹成文案撰稿人或內容策略師，就會被歸類為那些客戶過去常忽視的那種人。

「你必須定義你是怎樣的人，而不是你的職業技能。」我說：「你的技能本身無法說明你的特殊之處、熱情，以及畢生專業。你必須以某種獨特的方式自我定義、讓自己顯得獨一無二。要做到這一點，你何不自稱『使命專家』？」

我覺得這個稱號非常適合她，「使命」是指她擅長幫助以使命為導向的醫療科技公司，「專家」的定義則是「具備特殊知識或經驗的人」，其單字「maven」源自於希伯來語「mebin」，意指「知識豐富的人或老師」。

我跟惠特尼解釋這兩個詞的涵義時，她立刻就愛上了這個稱號！

「現在，不要別人一問你是做什麼的，就習慣性地用職業技能來回應。你可以說『我是使命專家』，然後別再多說什麼。這將會改變你們第一次對話的整體局勢。因為他們會不由自主產生興趣，忍不住詢問『那是什麼？』，而這就是對方邀請你進一步說明與分享的訊號。」

惠特尼很快就做好準備、躍躍欲試。她很了解目標客群，也十分渴望為他們服務。我們確立了她的故事與銷售流程，同時她也擁有一套包裝手法與定價結構。不僅如此，她還有一個特殊稱號，能引起人們的興趣，並且讓她脫穎而出。

我們面談不到四十五天，惠特尼就用「使命專家」的身分，以「特洛伊木馬方案」

贏得了第一位客戶。在成交之前，惠特尼提出了她的建議策略，以及對其工作範疇內的各種建議。當她表示，要確保找的人都能做好工作時，對方打斷她：「你可以直接幫我們做嗎？」

這時，她按照我們事先規劃好的腳本回答：「我們確實有和某些特定的VIP客戶合作，讓我們能嘗試新事物，並創造出色的成果。我必須說，我們很想和你與你的團隊合作。我們真的覺得，你的產品能為需要的人帶來很大的幫助。我們當然很樂意和你合作這項專案。費用是每個月一萬美元，你可以接受嗎？」

對方回應：「太好了，就這麼說定了！」

請想想這個轉變有多麼大。原本惠特尼每個月只有兩千五百美元的訂金收入，還得靠自己強行推銷；但如今，她成了「使命專家」、受邀擔任專業醫療科技領域的諮詢顧問，替這些公司解決問題。在這當中，並沒有業務招攬，或所謂「銷售」的過程。

幾個月內，她就用這項策略取得了多位客戶，而她每個月的經常性收入也提升至三萬五千美元。

不久後，一家大型數位行銷公司對惠特尼的業務產生興趣。惠特尼在一次聚會上結識這家公司的創辦人，她能輕鬆應對那些原本難以接近的醫療科技公司，令這位創辦人刮目相看。他認為，她的與眾不同正是成功的關鍵，於是提議買下她的整家公司。

時至今日，這位「使命專家」在更大的公司裡領導著自己的部門。她可以自行安排工作時間，同時在必要時指點自己的「使命專家」團隊。現在回想起來，就在一年半前，她還差點放棄了自己的理想事業。

惠特尼會成功當然有許多因素，但自稱「使命專家」才是其中的關鍵。這讓她在本來很難進入的市場成功引起關注。

這就是「專屬稱號」的力量。這是拼圖裡那神奇的一塊，可以使你的目標客群產生興趣，並推動事業迅速成長。只要一至三個精準的詞彙，就足以徹底改變你的職業或事業軌跡。

還記得第一章中提過的夏琳，以及她對創造後院綠洲的熱情嗎？如果有人問她是做什麼的時候，她可不能直接說她的熱情與使命。想像一下，如果有人這樣對你，你會做何感想。八成是：「噢，天啊，我可沒問這位小姐的人生目標呀！我該怎麼擺脫她？」所以她當然不能說：「噢，我是專門替人打造美麗後院景觀的。」她這麼做，對方一定會問她是不是景觀設計師或園藝設計師。然後，她就會立刻回到自我防禦模式，說她沒有相關證書，或沒有做過那種粗活。她只能簡單地說自己是「自然協調者」。

專屬稱號是吸引他人靠近你的一種誘餌，是在社交中順利開啟對話的關鍵，讓你不覺得自己是在推銷，或者覺得自己很做作。這不僅適用於剛創業或剛步入職場的人、中階主管、掙扎求生的自由工作者，也適用於那些身價數百萬的企業創辦人。這甚至對我也很管用……所以我才有了這些想法。

有句話說：「需要乃發明之母。」對我而言正是如此。

扭轉一切的錯誤經驗

我在前面說過，不要用職業技能來介紹自己，但我剛搬到美國時，卻這麼做了。直到今天，我還清楚記得那時第一個詢問我職業的人。他和我住在同一棟公寓裡，我問他做什麼工作，他說他開了一家健身房。很自然地，他也出於禮貌問了我同樣的問題。遺憾的是，我根本沒有準備好回答。

我在澳洲墨爾本的一個工薪階級家庭長大。就在聖誕節前的幾個星期，我被解雇了。那是我的第一份全職工作，也是高中剛畢業的我能找到的唯一工作，就是挨家挨戶推銷商品的推銷員。這對我們內向者來說很可怕，對吧？我第一天上門推銷，就被拒絕了九十二次。於是，我開始利用晚上的時間看YouTube影片，自學如何銷售。在經過整整六週的辛苦練習與實戰之後，主管把我叫進他的辦公室，說我是公司裡表現最好的。他提拔了我，並讓我負責帶領一個二十人的銷售團隊。後來，我的團隊越來越出色，而我也在一年內連續獲得六次晉升。最後，我決定自行創業。不到一年，我們團隊就賺到一百多萬美元。接下來的十年，我又創下了五筆數百萬美元業績的輝煌紀錄。如今，我發現了自己對協助小型企業主的熱情，並將過去學到的一切投入其中。

我要怎麼言簡意賅地把這些經驗呈現出來？

我本來可以說：「這很難解釋。」對所有讀者來說都是如此，因為我們在一生中，都有各種獨特的經驗、成就、感悟、學識與人生觀。我們的經歷豐富多彩，但其實根本沒人在意，因為幾乎沒人想在問了一個簡單問題之後，聽到長篇大論的回答。那麼，我該如何簡潔而真實地傳達我的這些經驗呢？

我決定用最簡單、直接的方式描述。

於是，我告訴他：「我是銷售教練。」

聽到這句話，他的態度立刻變得冷淡。他接著說，他幾年前聘請過銷售教練。可以聽出，他覺得銷售教練就是不要臉的江湖騙子。那時他看我的眼神彷彿在說，我也是這種人。

很多人用職業技能來介紹自己時，都會遇到這種事。只要你的聽眾有過與你職業技能相關的糟糕經歷，你就會被他們歸類為是「壞人」。

「嗯，老實說，朋友，我不只是銷售教練……。」我結結巴巴地說道，試圖擺脫尷尬。我試著跟他說我做過的銷售工作，以及我對銷售的看法，即銷售必須是更廣泛、更全面的行銷策略的一部分。但我已經失去了他的信任。更糟的是，連我那無力的辯白聽起來都像是在推銷。在那之後，我們甚至連朋友都稱不上了。

那時候，其實我根本不是想推銷自己。我只是剛搬到陌生的國家、想和他人建立關係，而他看起來人還不錯。我離鄉背井、離開了一群朋友，在陌生的城市，一個人都不認識。他問我做什麼工作，我就直接回答他了。但這卻讓他產生聯想、認為我要推銷什麼東西，於是把我歸類為「壞人」，並拒絕與我進一步交談。他家跟我只差了幾戶，我每隔幾天就得經過他家門口，實在尷尬。

這令人受傷，我不想再發生這種事。接下來幾天，我發覺自己腦中一直重播當時的情景。因為這不像陌生開發，就算在這一家不愉快，去下一家的時候就會忘記。對我來說，他的否定感覺像是在否定我這個人。所以，我不斷指責自己：「馬修，為什麼你非要跟他談你的工作！」

後來我發現，那段對話其實是值得慶幸的經歷，因為它促使我不停反思，最終找到解決方案。

接下來，又有人問我同樣的問題時，我已經準備好要怎麼回答了：「我是幫助小型企業主的銷售與行銷教練。」

這一次，對方說：「噢，不錯啊！」然後就沒再多說什麼了。她覺得，她知道我在做什麼，而且她不需要，所以中止了對話。為了讓對話繼續，我提出了我以前常問的、關於銷售的問題：「那麼……你在事業上有遇到什麼問題嗎？」當然，現在回想起來，這種做法根本行不通。我的意思是，我不過是跟她打聲招呼，就想把談話變成銷售會談。她來參加社交活動是為了建立人脈，而不是被人推銷。對我來說，比起在午餐時間到一家陌生的三明治店做推銷，在社交場合向他人推銷感覺更尷尬。至少可以說，這種做法錯誤且不受歡迎，我馬上就發現這種交流很像在推銷，會讓對方不自在。

那時，我還是不知道如何解決這個問題，所以下一次再碰到有人問我的職業時，我還是用同樣的方式回答。這一次，對方的回應是：「噢，我正好在找行銷人員。如果聘請你的話，要花多少錢？」

這又是另個問題。我之前在做銷售工作時，就知道要回答這個問題，永遠都應該先完全了解對方的需求。但你在社交對話時根本沒時間，也不適合這麼做。他只是想知道我的時薪，才可以將我的報價，和他談過的行銷人員比較，判斷我是否在他的考慮範圍內。我面對了兩難：用不受歡迎的長篇大論來煩他，或是給出一個很可能讓我錯失機會的報價。這兩者都不是好選擇。

後來還有一次，有人直接回我：「噢，我之前聘請過行銷教練，但他沒有幫我們取得新客戶。」

那次對話讓我尷尬又痛苦。我很想跟對方說：「但等等，我比他更好！我和他不一樣！我有神奇的法寶！」但她根本不在乎。

我很清楚，我不「只」是銷售教練，也不「只」是行銷教練。我只需要開口就能說明一切。但我發現，當我用技能來定義自己時，人們就會給我貼上某種職業標籤。在那之後，我就像是困在桶中的螃蟹，再也無法逃脫。

我敢說同樣的事也會發生在你身上。「我是程式設計師」、「我是房地產經紀人」、「我是人資專員」、「我是做客戶支援的」、「我在客服中心工作」……用這種方式介紹自己時，對方就會把你視作和其他同行沒什麼兩樣的大眾化商品。

所謂的「大眾化商品」，是某種材料或產品，看起來和同類競品沒什麼不同。比方說，牛奶就是牛奶，米就是米。在這個時代，就連電視這種複雜的產品，某種程度也成了大眾化商品。同類商品沒有實質差異，所以很多人會覺得，無論選哪個都沒關係。

但你也不能怪對方，這不是他們的錯。我們大腦的運作方式就是如此。我們會將新事物和已知的事物連結，藉此理解它們。

在西班牙征服者登陸前，中美洲的土著從未看過馬。那時，北美洲和南美洲都沒有馬這種動物，因此他們把馬稱作「大狗」。就算沒什麼道理，我們還是會創造出這些關聯，因為大腦一直在處理、並試圖了解周遭事物，而且喜歡將事物劃分成簡單且容易理解的類別。

在我看來，別人把我和其他銷售教練歸為同一類並不合理，因為我對銷售的看法，以及我能提供的價值都是獨一無二的。別人怎麼可能有我畢生的技能跟經驗？想想看，你的經歷與成就如此特殊，同行怎麼能輕易地取代你？我是與眾不同的，而你也是。但如果你不在一開始就清楚表達，聽眾的大腦就會自動將你和同行歸為同一類……就算實際上差很多。然後，你也知道第一印象的重要，一旦形成就很難改變。

我意識到，如果想脫穎而出，得先跳脫大眾化商品的思考框架。在回答「你在做什麼工作？」的問題時，必須做到以下幾點：

- 避開我的競爭對手。
- 讓對方知道，我可以帶給他們什麼結果或價值。
- 傳達我的熱情與使命。
- 不要把自己侷限在太具體的事情，因為這樣不會讓我成長與改變。

換句話說，我需要一個能囊括所有關鍵資訊的名號，也就是我的「專屬稱號」。它不是一句標語或口號，而是可以在精神層面定義我是誰的東西。就在這時，我突然靈光一閃：「我何不自稱『快速成長小子』？」

讓對方邀請你進一步說明

那麼，我如何把專屬稱號自然地運用到社交對話？

我在自我介紹時，幾乎都是先問對方工作的人。身為內向者，我的天賦之一就是專心聆聽對方的話，並且適時參與。我感同身受，並展現出真誠的關心與興趣，然後再進一步詢問、邀請他們深入交流。輪到我發言時，我總有機會表達自己的見解、建議、忠告、指點，或純粹流露興奮之情。

不知不覺中，對方已經在深入談論自己了。這跟我以前在社交場合上，經常會遇到的尷尬回應與生硬對話相比，氣氛愉快了不少。

我會盡量給對方有價值的訊息，同時由衷對他們說的表現出興趣。人類的互惠本能[2]促使他們用同樣的態度來回應。最後，當我們結束關於對方的談話，他們可能會意識到整場對話都是在談自己，然後說：「噢，天啊，我都還沒問過，你是做什麼的？」

這時我都會回答：「我是『快速成長小子』。」我不會急著分享熱情與使命，也不會

---

2 作者注：請參閱美國心理學家羅伯特・席爾迪尼（Robert Cialdini）的著作《影響力》（*Influence*）裡所提到的「互惠原則」。

直接講故事。我完全不會解釋，反而是很自然說出這句話，像在說「我是銷售教練」那樣，彷彿他們早該知道這是什麼意思。

很快地，他們的心理狀態就會從保持警戒、準備好被推銷、害怕我賣東西，轉變為卸下心防、開始感到好奇。他們會忍不住想問：「那是什麼？」

這對內向者來說再好不過了。對方邀請我進一步說明職業時，我全身會有奇妙的化學反應。我的肌肉放鬆、呼吸放緩，也不再感覺自己在推銷。由於我是他們遇過的唯一一位「快速成長小子」，所以我不會陷入潛在客戶對我或我收費的預設想法中。

你需要專屬稱號，以此吸引理想潛在客戶或潛在雇主。這就像彈弓一樣，可以精準擊中要害，讓你直接進入一段對話，談談你是怎樣的人，以及你能給予什麼價值。這使你占有絕對優勢、遠遠超越競爭對手，最終獲得應有的報酬。

別害怕與眾不同

身為內向者，在讀到「打造專屬稱號」的想法後，你也許會心想：「我不是那種人，我不喜歡這樣讓自己與眾不同。我覺得專屬稱號不適合我。」

我懂，讓自己與眾不同確實很可怕，因為你是個內向者，也因為人類都習慣謹慎行事。幾千年前，我們都住在部落裡。倘若你是那種喜歡煽風點火、惹事生非的人，你可能會被酋長逐出部落，而這意味著死亡。因為離開部落自謀生路，通常是死路一條。於是，我們學會遵守部落的規矩、不製造麻煩。所以與眾不同會讓我們不自在，也是情有可原的。

但你必須問問自己：一個產業或一家公司的高層可以達到那種高度，是因為他們與眾不同、非比尋常，還是因為他們跟其他人一樣、只是另一個〇〇呢？

這就是為什麼，我希望你能勇敢地跳脫自身職業技能的限制，決定成為你注定要成為的自己。你要大膽展現自身的獨特之處，使別人注意到你，而不要只等著有人關注你。這正是專屬稱號能替你做到的事。

娜歐蜜・史蒂芬（Naomi Stephan）教授寫過：「有種使命只為了你存在，也只有你才能實現。」為什麼要讓陌生人把你預設成大眾化商品？為什麼不創造專屬你的標籤？為什麼不用一個稱號來讓他們知道你不一樣，以及你如何幫助身邊的人？為什麼不讓自己成為他們心目中獨一無二的存在？

畢竟，「使命專家」這種獨特標籤，讓惠特尼的事業迅速成長，後來甚至被大公司收購。也正是因為賈斯汀．麥卡洛願意與眾不同，才能獲得公司為他特別設立的高階職位，而且薪資優渥。

對賈斯汀、惠特尼，以及許多我以前的客戶與線上課程的學生而言，專屬稱號不但使他們更有吸引力，還帶來了更多意義。它不像是噱頭，對他們來說，這完美定義了他們是怎樣的人，以及他們能提供什麼價值。

如果你希望別人不要再把你當成另一個○○（填入你的職業）來對待，然後跟你做生意，你就必須跳脫自己被貼上的職業標籤，當然這需要很大的勇氣。

打造你的專屬稱號

那麼，要怎麼構思自己的專屬稱號呢？

回到第三章最後一節，看看你對那些問題的答案。這些內容不但能讓你解決目標客群的三個主要問題，為他們帶來理想的結果，同時也代表你有的一切美好、獨特的特質。想想你做的一切，以及目標客群真正欣賞你的部分，然後再問問自己：「這一切能給客戶帶來哪些更高層次的好處？目標客群選擇和我合作可以真正從中得到什麼？我要如何用兩、三個詞彙來概述這一切？」

溫蒂是很好的例子。你也許還記得我們為她找到的目標客群，也就是派駐中國的高階主管。她所提供的建議，幫助這些主管和他們的家人，在這個文化截然不同的國家中快速成長——這才是她真正的祕密武器，也因此我建議她自稱「中國通教練」。

這個專屬稱號，以及她為客戶量身訂做的「中國通加強班」方案，讓她從本來在飽和市場裡只能勉強賺五十到八十美元，到後來，從每個家庭就能賺到三萬美元，而且幾乎沒有競爭對手。

請記得，你不是在創造標語或口號。不管你想到什麼，都得放進一個句子中：「我是○○（專屬稱號）」，就像說「我是會計師」那樣。

這裡有些實例：

- 我是「權威偵探」：我協助那些思想領袖與影響者，找出他們的網站在Google搜尋排名不佳的原因。

- 我是「記憶編織者」：我和活動策劃者合作，希望能透過獨特的燈光音樂秀，為參與者創造難忘的回憶。
- 我是「高原期駭客」：我幫助那些成就卓著的高階主管，擺脫他們內心的焦慮與不安。
- 我是「手冊看管者」：我和遠距教學者合作，以確保他們的課程手冊正確無誤且準時送達。
- 我們是「收購救生員」：我們協助那些採取收購成長策略的企業，讓他們不會陷入複雜技術問題的困境，進而避免生產力下降或數據洩漏造成的損失。

（重要提示：選定專屬稱號前，建議你先跟律師談談。因為有人告訴我，某些詞彙在一些國家是不能隨便使用的，除非你有相關證照。）

如果一時想不出專屬稱號，那也無妨。你可以先擱著，然後回來多想幾次。或許你洗澡或晨跑時，它就忽然從腦中蹦出來了。

另外，我也建議你看看手邊的詞典，就算翻個幾頁也可以。讓我以艾利克斯・墨菲（Alex Murphy）為例。我的第一本書有寫到，艾利克斯原本是為了事業苦苦掙扎的錄影師，幾乎賺不到錢。但我們合作才不到一年，他的業績就提升至近七位數。你有沒有想過，他的生意機會來自何處？全是他用「敘事策略家」的專屬稱號進行社交的結果！

那麼，我是怎麼幫他想出這個稱號的？

當時，我心想：「艾利克斯想透過多個連續影片，而非不連貫的影片來講述一家公司的故事。我該如何利用這些資訊？」

首先，我在電腦詞典裡輸入「故事」兩個字，接著就出現「敘事」這個詞。我一看到，心裡就在想：「太完美了。我要把艾利克斯稱作『敘事策略家』。」

這個案例很簡單，因為我只花了幾分鐘。但多數時候，我都得花上幾小時。

你得先接受這個事實：構思專屬稱號是種創造的過程，就像其他創作過程一樣，可能會有點混亂。請記得，你想到的都是好點子，所以要記錄想到的任何東西。完美的結果通常需要一些時間，有時甚至還會更久，但一切都是值得的。畢竟，之後你在社交活動上付出努力時，都可以享受努力所帶來的種種好處。而且每次聽到別人問「那是什麼」時，你都會會心一笑。

打造專屬稱號時，不要急著描述得太過詳細，因為你的目標其實是使它有點含糊不清、模稜兩可。還記得嗎？這是吸引他人的一種誘餌。許多人都試著融入自己的職業技能，例如自稱「房地產天后」或「數據博士」。但這些平凡無奇的稱號並不會讓人想繼續問：「那是什麼？」如果專屬稱號淺顯易懂，對方就不需要再進一步了解。這樣一來，他們就會把你視作跟同行沒什麼兩樣的大眾化商品，而他們已經忽視過這種人很多次。請將你的專屬稱號想成電影的預告片，先讓人們看一下精彩片段，然後吸引他們買票看完整部。

最後一點，對於害怕與眾不同的人來說可能最為困難。我希望你做好心理準備：不管你想出的專屬稱號有多麼有趣，你的家人與朋友或許不會認同。他們甚至會覺得聽起來有點蠢。這很正常，而且不是在貶低你的專屬稱號。接下來，讓我來說明一下。

別急著分享專屬稱號

我初次見到夏恩・梅蘭森（Shane Melanson）時，他說他在某個房地產企業聯合組織工作。聽起來有點可疑，對吧？不過，雖然可能會令人警覺，但這個詞確實是他那種商業地產投資的標準名稱。所謂「企業聯合組織」是指一群投資者共同投資某個項目，因為這樣做，個別投資者就不會耗費太多資金或承擔太多風險。

幫夏恩尋找目標客群的過程中，我發現，他從幾位醫生與外科醫師那裡取得了不錯的成果。後來我才得知，原來夏恩的岳父是外科醫師，曾經把幾個朋友介紹給他。

於是，我問夏恩：「那他們都遇到什麼問題？什麼事讓他們夜不成眠？」

很難想像那些高收入人士會碰到什麼問題，對吧？我的意思是，他們的生活讓許多人很羨慕，住豪宅、開名車，孩子也都讀名校。但到了五十幾歲時，他們開始擔心和退休的相關問題。在某種程度上，這些專業人士都戴了「黃金手銬」，無法停止工作，因為一旦停止，他們就會完全沒有收入。如果退休儲蓄不足以讓他們維持原有的生活方式，這個問題就很大了。他們因此輾轉難眠、苦苦思索接下來該怎麼辦。

他們聽說，住宅房地產投資是不錯的做法。但醫院或診所的工時漫長，他們總是疲憊不堪，因此往往倉促決定，而不是花幾個月去尋找適合的投資標的。

這容易讓他們在房地產上投入過多資金。就算已經請物業經理代為處理，他們還是要面對一些壓力，像是不良房客拖欠房租、房屋年久失修等問題。過不了多久，他們就被整個過程搞得焦頭爛額，因為通常會損失不少錢，更重要的是，還浪費了寶貴的時間。

夏恩簡直是這些人的救命繩。他整個事業的重點，就是讓這些高收入族群明白，雖然他們生活花費很高，但因為有能力借到大量資金，反而能取得別人無法獲得的機會。他們可以和一小群高收入投資者合作，好好利用那些老舊或價值被低估的商業地產。他們可以在短短幾年內，將這筆投資轉變為真正的財富，然後享受夢寐以求的退休生活。

但夏恩的問題在於，每次他試著說明這一點時，都感覺自己像是個商業地產推銷員。他也擔心，企業聯合組織的概念聽起來像是詐騙。

所以我跟夏恩說：「我們別再用『商業地產』或『企業聯合組織』這種字眼。你何不自稱『套利策劃師』？」

我向他解釋這稱號非常適合他的原因：「套利」一般是指買低賣高，並從中賺取價差。我覺得，這個詞貼切地描述了夏恩如何幫助一群投資者以低價買進、開發某一筆商業地產，接著再以高價租賃或出售。「策劃師」則說明了，他怎麼替這些投資者策劃交易，並且監督交易執行的過程。

夏恩很喜歡這個稱號，同時他也樂於協助這些醫生把收入轉變為高淨值資產、讓他們得以享受安穩的退休生活。我們的第一次會談也順利結束。

但在我們下一次會面之前，他和妻子與岳父分享了他的專屬稱號。遺憾的是，他們都不太支持。夏恩告訴我：「他們都用奇怪的眼神看我，好像我瘋了一樣。」他的岳父還說了這樣的話：「你在做什麼啊？你才不是什麼『套利策劃師』，你在房地產企業聯合組織工作。為什麼不直接這樣說就好，有什麼問題嗎？」

你可以想像，這種經歷對夏恩的打擊有多大。在感受到他內心的焦慮後，我向他說明，他們的反應很正常。

第一，那些最關心你的人想保護你（這個因素最重要）。他們怕你嘗試新事物會失敗，他們不願意看你難堪。所以，他們當然想要你謹慎一點。

第二，很多人不了解專屬稱號的價值。他們無法想像，除了自身的職業技能之外，他們還能用什麼東西來稱呼自己。尤其對夏恩的外科醫師岳父來說，更是如此。他試圖讓女婿打消詭異的念頭，就像他無法接受任何醫生朋友自稱是醫生以外的頭銜。

第三，夏恩的妻子和岳父對專屬稱號有意見的唯一原因是：他們本來就知道他的職業技能是什麼。對他們而言，這就像是夏恩突然走過來說：「我的名字不再叫夏恩了。現在請叫我湯姆。」如果你深愛的家人或朋友忽然對你這樣說，你會怎麼想？也許會覺得很奇怪。但若是夏恩在社交場合走到你面前說「嗨，我是湯姆」，你怎麼知道他不是？對你而言，他就叫湯姆。

我還記得剛想出專屬稱號時，我也犯過同樣的錯誤。有次跟一位老同事聊天時，我不假思索地說：「以後我要自稱『快速成長小子』，你覺得如何？」

他大笑，說這聽起來很像特殊壯陽保健品的廣告。接著，他又解釋說，我是很棒的銷售教練，但似乎有點迷失方向。

結果現在，有許多人都想成為「快速成長小子」，我只好把這註冊為商標。

說明完這一切，我告訴夏恩：「我知道這很難，但我不會過度在乎妻子和岳父的看法。請記得，專屬稱號是種誘餌，可以使新的潛在客戶對你有興趣，並希望進一步了解你。就是這樣！對他們而言，你就是『套利策劃師』，因為他們先前沒聽過，自然有興趣了解更多。」

在我的鼓勵下，夏恩將這個強而有力的稱號帶進了社交場合，而且確實很有效！

如今，夏恩決定相信專屬稱號已經快一年，他的事業有爆發性成長：

- 他募集到一百多萬美元的額外資金。
- 過去，他必須努力尋找生意機會，現在則有很多優質客戶主動與他聯繫、讓他有選擇的機會。

- 他正在與某個由三千位醫生所組成的團體正式建立合作關係（是這些醫生主動聯繫他的）。
- 他成功創立了一家年營收六位數的培訓公司，向那些高收入的醫生傳授自己的投資策略。

我的建議是：當你剛想出專屬稱號時，別急著和家人與朋友分享。請先和潛在客戶或潛在雇主分享，因為他們的反應才是關鍵。

重點是，你跟目標客群裡的某個人交談時，這個專屬稱號會使對方忍不住問：「那是什麼？」專屬稱號的首要目標，是讓對方邀請你進一步說明。

接下來，讓我們來談談專屬稱號在社交場合上帶來的各種機會，以及要怎麼把握這些機會。

第六章

與合適的人交談

想在社交場合找對人，有個訣竅，
那就是：沒有所謂「合適」的人。
放下預設立場，貴人可能就在你身邊。

「重要的不是你看見什麼，而是你如何去看。」

——亨利・梭羅（Henry Thoreau），美國作家

回想一下那些劇情大反轉的電影。你原本以為，你知道接下來會發生什麼，結果天大的祕密被揭露出來，徹底改變一切。你可能是在看一九六八年上映的原版《浩劫餘生》（*Planet of the Apes*）時，看到了自由女神像，並意識到故事發生在飽受戰亂摧殘的未來世界；也可能是在看《星際大戰五部曲：帝國大反擊》（*Star Wars Episode V: The Empire Strikes Back*）時，發現達斯・維德是路克的父親；又或是在看《靈異第六感》（*The Sixth Sense*）時，發現布魯斯・威利（Bruce Willis）所飾演的角色一直是鬼魂——不管你想到哪一部，我敢說，你發現祕密時一定有些震驚。

其實，我也想和你分享我的劇情反轉。

讀完這本書的前五章，你應該會認為，這本書是談內向者如何與新的潛在客戶或潛在雇主交流。但如果我說，社交的首要目的其實**不是**為了找到想雇用你的人呢？

當然，找到潛在客戶是你的謀生之道，讓你擁有銷售業績或新工作。但只把注意力

放在他們身上，你只會像是卡在倉鼠的滾輪上。

我要講的反轉是：社交確實是為了在一次愉快的談話之後，結識能為你帶來大筆訂單，或幫助你獲得超乎預期的優質工作的人。

那麼，這些不可思議的人是誰？我想將他們稱作「非凡人物」和「動能夥伴」。

非凡人物是某一群菁英。他們是真正讓世界運轉的高成就者與影響者，可以為你的人生帶來巨大的助力。他們可能得過一些著名獎項，或認識那些你平時難以接觸到的人；他們可能有極高的聲譽與名望；他們可能創辦了暢銷雜誌、受歡迎的播客節目，有廣大人脈或眾多粉絲；他們可能在某個協會或公司擔任要職。不管實際情況如何，這些非凡人物不僅能使你顯得更具公信力，還可以為你打開一般人不得其門而入的大門。這些人才是你最該重視與珍惜的人脈。你幾乎不會跟他們求助，但他們很可能會給予超乎你預期的協助。

所謂的**動能夥伴**，則是指願意和你共享人脈的那一小群人。他們可能會介紹給你播客節目主持人、雜誌編輯、活動策劃者、潛在非凡人物、新的潛在客戶，或者另一位動能夥伴。不過一段良好的動能夥伴關係，都應該為所有相關方帶來有益的人脈。我喜歡把他們當成在同一條船上的人。因為大家同心協力，我們就會更快抵達目的地。

請花點時間思考你目前的人際網絡。你甚至可以看看你領英（LinkedIn）的聯絡人名單，裡頭也許已經有許多潛在的非凡人物與動能夥伴。他們可能是赫赫有名的「大人物」親友、擁有某個播客節目的老朋友，或是剛受邀加入某個諮詢委員會的同事。

當然，如果你一個人都不認識，那也無妨。請記得，我剛搬到奧斯汀時也是如此。這本書中的各種策略將帶領你迅速在人際交往上成功，就像我一樣。

但首先，我們來聊聊薛丁格的那隻貓。

你永遠不知道你將遇見誰

我認為，我碰見的每個人都處於如「薛丁格的貓」的疊加狀態。這是奧地利物理學家艾爾溫・薛丁格（Erwin Schrödinger）提出的思想實驗。薛丁格假設，把一隻貓關進一個裝有少量放射性原子、一台用於探測游離輻射的蓋革計數器（Geiger counter），和一瓶毒藥的箱子內。當這些放射性原子衰變時，計數器就會感測並觸動電子開關、打破毒藥瓶，進而殺死那隻貓。但這瓶毒藥何時會被打破？箱子還沒打開時，你會假定箱子裡的貓處於

「既生又死」的疊加態。（免責聲明：在這項思想實驗中沒有任何貓受到傷害。）

或者，你會覺得《阿甘正傳》（*Forrest Gump*）裡的那句話更好懂：「我的媽媽總是告訴我，人生就像一盒巧克力，你永遠不知道你會吃到什麼口味。」就如同當今科技業的那些千萬富翁，他們的裝扮貌似毫不起眼。蘋果電腦公司共同創辦人史蒂夫．賈伯斯（Steve Jobs）以高領毛衣與牛仔褲聞名，臉書創辦人馬克．祖克柏（Mark Zuckerberg）也經常穿著帽T出門。我第一份銷售工作的其中一個老闆，有著一頭瘋狂飛舞的長髮，看起來總像是剛從重金屬樂團「金屬製品合唱團」（Metallica）演唱會回來。你不能以貌取人，也不能隔著箱子判定一隻貓的生死。

這就是我建立人際關係的方法。我用對待潛在的非凡人物、動能夥伴或目標客戶的態度，來對待我遇到的每個人。他們都有潛力幫助我完成使命，而我的任務就是去發現這種潛力。

接下來，我要告訴你幾個「箱子裡的貓」的故事。這些故事乍看之下可能非常幸運，但就如同法國微生物學家路易．巴斯德（Louis Pasteur）所言，「機會是留給準備好的人」，我相信，是我為自己創造出好運。

高中升大學的時候，多數澳洲人會盡情狂歡。這種生活會持續到大一（我聽說美國人也是這樣）。不過我有閱讀障礙，又忙著趕上其他同學，高中結束時我已經很累了。我以全州前百分之二十的成績畢業，但完全不知道未來要幹嘛。我和家人都同意，如果不知道念大學要幹嘛，就很難順利完成學業。於是，我們決定先休學一年，用這段時間尋找「真正的自己」。

我不知道你聽過的空檔年都是怎樣的，但我家經濟不太好，甚至不到中等收入，家裡不會有錢給我遊遍歐洲各國。所以，最後我就直接去工作了。

短短一年後，我就開始經營自己的百萬美元生意，也變得越來越忙碌。我沒時間聚會，也沒有時間閒逛。

我好不容易在事業稍微成功後，決定在二十九歲生日前，騰出一個真正的空檔年。我現在都開玩笑說，這是我的「早期中年危機」。我的好友德米特里（Dmitry）知道我的計畫後，問我能不能加入。我們在西班牙跟鬥牛士並肩而行，開車穿越瑞士阿爾卑斯山，甚至還參加了薩爾瓦多狂歡節（Carnaval en Salvador），那是巴西規模最大的正統嘉年華。

我們還經歷了其他的冒險，像是去奧斯汀西南偏南藝術節（South by Southwest）。我們一聽說德州海岸有盛大的美國春假活動，就決定去看看傳聞是真是假。

於是，我們前往德州最南端的南帕德雷島（South Padre Island），那裡是世界著名的春假勝地。不幸的是，第一天德米特里就生病，只能待在房間休息。同時，我在這一天意識到自己快三十歲了，而這裡的平均年齡可能只有十九歲。我心想：「天啊，我太老了吧！」我不知道要做什麼。我不想一直窩在房間（尤其德米特里又看起來病懨懨的），但我也不想當四處閒晃的孤單老人。於是我下樓走進旅館的酒吧，想找找事情做。

我找位子坐下，發現還有個年紀比我略長的男人也在酒吧裡喝酒。他看起來很焦慮。那時我心想：「他可能也覺得不該來這裡旅遊。」身為內向者，跟陌生人搭話不符合我的本性，但多年來，我一直強迫自己走出舒適圈。（現在我反而覺得當時如果不嘗試一、兩段開場白，我一定會很遺憾。）

最後我開口：「老兄，你還好嗎？你看起來有點擔憂。」

「是啊，就是有些員工令我很頭痛。」我很自然就感同身受，因為我也有帶領團隊的經驗，知道那種壓力有多大。

我接著說：「發生了什麼事，讓你在這裡喝長島冰茶？」

然後，他開始和我分享他在事業上遭遇的一些困難。我用心聆聽，並給他一些我自己覺得很有幫助的建議。愉快地聊了四十五分鐘後，他問我今晚有何計畫。我解釋說，我原本想和朋友一起出去、好好體驗一下這次活動，但他臥病在床，我不想自己一個老人出門。

「我想去吃點東西，然後就去睡覺。你呢？」

「噢，我要確保一切順利進行。」他一邊說，一邊用手指了指周圍。

「等等，這是你的酒吧？」我疑惑地問道。

「不是，但這裡歸我管。我們公司負責舉辦南帕德雷島和坎昆市（Cancun）的大部分春假活動。現在，我得去另一個俱樂部活動看看。我和你一樣，都比這些孩子年紀大太多了。不過，我在那裡有個貴賓區，用來招待MTV的工作人員，以及《真實世界》（*The Real World*）的班底。」他提起當時很火紅的實境節目（但那時我並不知道）。「想當我的客人嗎？」

我第一天晚上就和他出去了。隔天，德米特里的病好了，在春假剩下的時間裡，我們都成了這個人的貴賓（他負責管理這裡的大小事）。我們遇到了很多好萊塢演員、音樂家與名人，有些人可能會不顧一切代價，也要和他們見上一面。可惜我太不識貨、不認識什麼「大人物」，所以有點浪費機會。我對待這些人的態度，和對待其他人沒什麼不同（或許這是他們喜歡跟我聊天的原因）。

就這樣過了幾個晚上，氣氛開始有點單調了。我們既然見識過春假活動，就該準備好開始下一場冒險。不過，我還是和新朋友保持聯繫。其實他的支持，是我隔年能取得美國人才簽證的重要因素。

很幸運，對吧？

讓我問你：你有多少次坐在別人旁邊，卻沒有試著交流？在飛機上、餐廳或酒吧裡，有多少絕佳機會就在你身旁？誰知道呢，或許你一直想認識的人就坐在你身邊？我想我知道答案，因為我在家鄉的羅利達拉姆國際機場起飛的班機上，就找到一位客戶。當時，我只是問鄰座：「你好，你是要回家，還是外出工作？……真酷，你這次旅行要去哪裡？噢，你問我是做什麼的？我是『快速成長小子』。」

結果，坐在我隔壁的人竟然是Veritas Collaborative（美國最大的飲食障礙治療中心之一）的創辦人與執行長史黛西．麥肯泰爾（Stacie McEntyre）。她正煩惱事業上的一些問題，要努力找方法維持企業文化、協助員工與客戶熟悉他們的服務、提升員工留任率與客戶留存率、提高生產力。而我那幾個和公司有關的故事剛好對她有所幫助。

你可能會心想：「馬修，這種事一定發生在商務艙，我都坐經濟艙。」但其實也會發生在經濟艙，因為那次我們就坐經濟艙。我們最初聊的內容，使話題導向了另一件我常說的事：「那你也覺得，搭乘國內線坐商務艙很浪費錢嗎？」通常大家的答案都是肯定的，他們寧願把錢花在其他事上。然而，史黛西的節儉習慣並不會妨礙她在接下來的幾個月裡，花費數萬美元和我合作。

這些「薛丁格的貓」確實就在你的身旁。

同樣的事也發生在美國軟體公司甲骨文（Oracle）的一位高階主管身上。那時，正好航班延誤，我們在機場裡一家餐廳並排坐著。我無意間聽到她跟同事說到航班延遲的事，於是我說：「妳的班機也延誤了嗎？有什麼重要的事被耽擱了？」聊著聊著才發現，我們要去的是同一個城市，而且她的兩位老闆很快就改變原定計畫、決定等我到城裡時跟我碰面。

這些「薛丁格的貓」的事件不僅發生在現實世界，也會發生在網路上。我在一篇臉書貼文上引發了一些交流，促成我跟一位譯者見面，而且對方恰好認識越南最大的出版商之一。結果就是：我的第一本書被翻譯成越南文出版了。

一旦某件事開始規律發生，你就不能說，這都只是運氣好。這算是一種模式，也就是我介紹給你的東西。

在打開箱子之前，你永遠都不知道裡頭裝了些什麼。一些最優質的潛在非凡人物、動能夥伴與目標客戶很可能與你擦肩而過，或正好坐在你旁邊，你卻沒有利用這種潛在的社交機會。這些潛在非凡人物、動能夥伴或目標客戶的穿著，可能不像你想像的那樣；他們也許看起來與實際年齡不符，或者貌似不願意與人交談。但別在還沒開始之前，就認定不可能成功。無論何時何地，你都應該懷抱這種未知的心態、敞開心胸與他人交流。

避免「隧道思維」

策略型社交並不侷限於社交場合，它是一種生活方式。

但不幸的是，對多數人而言，要克服所謂「潛在客戶隧道思維」並不是很容易。[3]你在某個活動中、某個班機上遇見了某個人，或者是對方主動想找你，你可能會心想：「我不必打開箱子就知道，這個人顯然是我的潛在客戶。」但用隧道思維來看待別人是不正確的。

3 編注：tunnel vision，也作隧道視野，用來表示一種思維窄化的現象。

搬到美國五個月後，我有幸獲得了為《企業家》雜誌（*Entrepreneur*）撰稿的機會。這要歸功於某位在工作上大力支持我的動能夥伴。第一篇文章發表後不久，我就接到了陌生來電。

「你好，我是馬修。」

電話的另一端是商業思想領袖茱蒂・羅賓奈特（Judy Robinett）。我必須承認，那時我並不曉得她是誰，但我很快就意識到她是個大人物。

她告訴我，她的第一本書《現在就成為人脈王》（*How to Be a Power Connector*）已經由麥格羅希爾（McGraw-Hill）出版（這本書被《*Inc.*》雜誌評選為二〇一四年第一名的商業類書籍）。這本書很成功，讓她得到了不少演講邀約。但問題是，他們實際上很少真正請她去演講。

茱蒂顯然是打電話來請我幫她解決。如果那時她成為我的客戶，一定會讓我這個相對新的業務帶來一些收入與名氣，我當然也需要這些。

試想一下，這種狀況你會怎麼做？

我必須做出決定：把茱蒂當作潛在客戶，運用我那套已經反覆嘗試與驗證的銷售流程，還是試著發掘這段關係中更長期、更具價值的可能性？這是個艱難的抉擇，而且我得迅速做出選擇，這令我很不安。不過在那之後，我因此獲益良多。

我意識到，和茱蒂這樣的人建立長期關係，價值遠高於短期收益。於是，我決定嘗試將她發展為我的非凡人物或動能夥伴。

經過仔細討論後，我發現，她其實只需要一項小小的策略，就能得到更多演講機會。所以，我只把這項策略當成對她的友善建議。

我並沒有試圖向她推銷這項具有變革意義的策略，而是不求回報地給予建議。這使她成為一位充滿熱情的終身動能夥伴。

我們交流的那幾天裡，她熱情地向我介紹一些播客節目主持人、高流量部落客，以及像是銷售顧問傑哈德．葛史汪德納（Gerhard Gschwandtner）這類深具影響力的人物。傑哈德是《銷售力》雜誌（*Selling Power*）的創辦人。直到今天，傑哈德在銷售界還是很支持我，他也將布萊恩．崔西（Brian Tracy）和吉姆．卡斯卡特（Jim Cathcart）這種銷售傳奇人物介紹給我。此外，我第一本書出版時，他還在《銷售力》上讚揚了這本書，並寫在封面上。

我注意到茱蒂當時還在宣傳她的新書，我覺得，我所能提供最有價值的回報就是把我的人脈也引薦給她。當然，我擁有的人脈和茱蒂截然不同。但每當我碰見我認為對茱蒂有所幫助的人時，都會很快地把她推薦給這個人。我甚至還會在每次發表文章、接受採訪時，或其他事上盡量提及她的名字（現在也是如此）。

隨著時間過去，我的人際網絡不斷擴展，因此我的引薦品質也跟著提升。舉例來說，茱蒂要出版她的第二本書時，我已經認識潔米・馬斯特斯（Jaime Masters）。潔米是個內向者，同時也是播客節目「最終的百萬富翁」（*The Eventual Millionaire*）的主持人（《*Inc.*》雜誌和《企業家》雜誌都將其稱作「世上最適合企業家收聽的播客節目」）。後來我發現，這是我做過最省事的推薦之一，因為潔米已經是茱蒂的鐵粉好一段時間了。他們兩人成了好友，茱蒂如果待在奧斯汀，他們也會見面聊聊。

我因為沒有陷入隧道思維，而擁有了世上和我關係最緊密的人，她既是我的好友，也是我的非凡人物。如果你很熟我的第一本書，可能會記得她的名字，和她那篇熱情洋溢的推薦序。或許你還記得她說「我是她最好的朋友」。我們的關係就是如此緊密。

雖然我們六年多來沒有面對面交流，但我們一直享受著這份夥伴關係所帶來的非凡成果——直接為我帶來至少四十個播客節目專訪，以及超過六位數的收入。

她相信我的工作能力，就像我信任她一樣。儘管工作不一樣，但我們還是看見了相互幫助的巨大價值。你可能會覺得我們是事業夥伴，只是給彼此更多資源、生意機會與協助。但我們經常跟對方說：「告訴我發生了什麼事……。哇，那聽起來真棒！你知道你要去找誰嗎？」

這一切都是因為我願意拓展眼界，而不是只把茱蒂的來電當成一次潛在交易。為了建立長期關係，我有意識地決定犧牲一點短期利益。

遺憾的是，多數人都抱持著匱乏心態[4]。他們害怕被人利用、只注重眼前的利益，甚至自私自利（但他們沒有意識到），以至於錯失了那些有益的人際關係。

我有次參加了一個在地演講團體的活動，活動主題是如何得到更多演講機會。我在會上站起來說：「朋友們，我想問你們一個問題：你們每次演講完，他們都要兩、三年後才會再請你們回來，對吧？」

所有人都同意。因為主辦方通常喜歡保持活動的趣味性，所以會輪流去尋找新的想法與演講者。

「嗯，演講完之後，你們難道不知道他們想找怎樣的人，誰又最適合嗎？那為什麼不推薦這屋子裡的人？我自己就會推薦。我每次演講完，都會跟主辦單位說：『知道我

4 編注：scarcity mind-set，以「不足」為核心的思維方式，認為資源有限，總是擔心自己擁有的不夠，導致焦慮、恐懼和不安全感。

明年會推薦哪一位超棒的講者給你們嗎？』然後，我就會引薦我認為對他們公司，或他們的聽眾有最高價值的人選。」

屋內很快就安靜下來，這令我吃驚。似乎沒人喜歡這個提議，真遺憾啊！你能否想像，這個團體本可相互協助、為彼此帶來生意與推薦機會？後來我得知，他們當中有很多人都擔心自己的付出會得不到回報。甚至還有人說：「我不想放棄原有的客戶、去與別人競爭！」我那時心想：「這個行業光是在美國就有數千億美元市場。說真的，朋友，是該捨棄匱乏心態了！」

我沒有這種匱乏心態，也不想培養出這種思維。對我來說，這個演講團體的邏輯根本沒有道理。我永遠都會建議我的非凡人物與動能夥伴，去爭取付費演講的機會。我很樂意推薦他們，他們或許一、兩年內還會記得。另外，我也相信，即便我的非凡人物或動能夥伴沒提到我，但在他們演講成功之後，主辦方也會記得是誰介紹的。

現在，你開始明白動能夥伴關係的強大力量了嗎？

索取者、給予者，以及權衡者

開始認真進行社交後，我發現，還可以用另一種方式來將人們分類。我分為「給予者」、「索取者」，以及「權衡者」。說到我的寫手德瑞克（Derek），或許你還記得，在我前一本書的第十章，德瑞克從幕後走到幕前，講述他的生意迅速增長的真實故事。那時，他邊彈手指邊說：「這聽起來像是亞當．格蘭特（Adam Grant）的那套模型！」所以我當然得去找來看看。（原來亞當也是個內向者！）

亞當．格蘭特在他的著作《給予》（*Give and Take*）裡提出了類似觀點，他將人們分成「給予者」、「索取者」和「互利者」。索取者，顧名思義就是只向他人索取，卻很少給予回報。互利者，也就是我所謂的權衡者，通常在內心或現實生活中都有一本帳簿。他們可能會為你做些什麼，但同時也希望在某個時刻能得到等價的回報。好的一面是，這是雙向的：倘若你幫了他們，他們就會覺得虧欠你，直到報答你為止；壞的一面則是，就像我在演講團體遇見的人一樣，他們往往會擔心自己無法得到同等的回報，所以很可能不會主動為你做些什麼。

你無法與索取者建立長期的非凡人物或動能夥伴關係。你會被他們吸乾！他們會接受任何形式的餽贈，卻不太可能給予回報。同樣地，你也很難和權衡者保持真正良好、健康的非凡人物或動能夥伴關係。他們總是在計算得失，最後不是因為虧欠你而焦慮，就是因為感覺你虧欠了他們而生氣。如果你像我一樣，就會發現維持這類關係的壓力太大了。

經得起時間考驗的非凡人物或動能夥伴關係，都是與給予者建立的。給予者是單純為他人提供價值、卻從不擔心回報的人。我和我所珍視的人脈，例如傑哈德・葛史汪德納（我的非凡人物）和茱蒂・羅賓奈特（我的動能夥伴），在相處上不會計較得失，我們只是盡力幫助對方，通常對方甚至還沒開口求助。

請花點時間問自己：我是給予者嗎？我是索取者嗎？又或者，我是權衡者？許多人先想到的都是：「我想成為給予者，但我沒什麼能給別人的。」事實當然不是這樣，給予者永遠能找到幫助人的方法。

我剛認識茱蒂時，並沒有像她那樣的人脈，但我還是想盡辦法維繫剛建立起的夥伴關係。幸運的是，她注意到了我的努力。

那非凡人物呢？我們到底能為這些菁英人士提供什麼協助？這個層級的人最看重你接近他們的意圖是否單純，而且沒有任何附加條件。

當你碰到潛在非凡人物時，建議你牢記我的首要社交法則：不要只想著自己！很多人有機會與潛在非凡人物接觸，卻因為遞履歷給對方，或想請對方幫忙而毀了。遇見潛在非凡人物時，我絕對不會利用他們來達到某些目的，而會把注意力放在了解他們，以及他們感興趣的事物上。同時，也會在我能力所及的地方，盡量提供所有的價值。

我的好友吉姆．卡斯卡特就是很好的例子。

他成了我的長期導師，這當然是我的榮幸，畢竟他是演講的專家。但在科技方面，吉姆有點老派，所以我主動提出了一些建議，讓他在社群媒體上自動化操作，並發揮影響力。我很高興自己能幫上忙，也會盡量為他騰出時間。說真的，若是他開口，我甚至很樂意替他去洗衣店取回乾洗衣物。我就是如此珍惜我和他的非凡人物關係。

吉姆得知我的第一本書即將出版時，他說：「噢，這真是太令人興奮了！如果我在《全球頂尖銷售雜誌》（*Top Sales World*）上寫一篇專文介紹，會對你有幫助嗎？」後來我才發現，他已經認識這家雜誌出版社幾十年了。那篇文章引起他們的注意，之後我被他們評選為全球前五十名的演講者之一，還登上該雜誌二〇一九年十一月的封面。哇！這一切都源自於我們的幾次談話。在那幾次談話裡，我不僅給他建議，也介紹了幾家專業媒體，而且重視他的時間，不會因為自己有事而耽誤。最後，我收穫頗豐，其中也包括我將珍惜一輩子的友情。

大家所熟知的、價值數十億美元的雪靴品牌UGG創辦人布萊恩・史密斯（Brian Smith）也是如此。我的意思是，我可以帶給他什麼？

我發覺，布萊恩也是內向者，他希望能走進演說界。他找過許多外向的演說教練，但他們全都讓他不自在。我鼓勵他做自己、多講講自己的故事，並且更真誠地對待他人。此外，我還請他為我的活動做閉幕演講。他當然成功搞定了！如今，布萊恩已經是備受歡迎的演講者。我撰寫這本書時，他恰好在「Inc. 5000」大會上進行主題演講，演講結束後，全場聽眾一同起立鼓掌、歡呼。

我發現，即便是最成功的人，也會樂於接受別人在自己不熟悉的領域所給予的建議與協助，只要沒有任何附帶條件。當然，哪怕沒有我的幫助，布萊恩還是可以在演說界成功，吉姆也能靠自己掌握社群媒體。他們都是商業巨頭，他們事業如此成功，是因為他們都可以找到方法解決問題，但他們依舊願意接受我的幫助，並心存感激。

所以，請好好地珍惜你的非凡人物人脈吧。多給予、少索取。

我是怎麼學會社交的？

我必須坦白說：我最早學會跟非凡人物建立關係，其實不是在商場，而是因為我經常去酒吧與夜總會（那時我才二十幾歲）。

我在朋友的新居派對上，結識了蜜雪兒・費曼（Michele Phyman），她當時是墨爾本「精品店」（Boutique）這間高檔俱樂部的頭號贊助商。所謂「高檔」，是因為門外常大排長龍（通常要排超過一小時），他們每次只允許兩個人進入，而且常常會把你擋在外面。

在派對上，我跟蜜雪兒說了幾個故事，也主動將我在職場上的一些人脈引薦給她。當晚派對結束時，她邀請我到她的俱樂部去。

有天晚上我不用工作，和朋友在門外排隊、等著進入俱樂部。進到店裡時，我找到她，並跟她打了聲招呼。她說：「怎麼不先打電話給我？我會下去接你。」

「我不想讓你太麻煩。」我解釋。

整個晚上，我都在和蜜雪兒兜圈子；一邊跟她聊天，一邊注意別占用她太多時間。準備離開前，我過去跟她道別。她說：「以後你到樓下，一定要打電話給我。我不希望你再排隊了！」我當然真誠地表示感謝。

後來我又去了那裡。這次我和她喝了杯酒，問她最近過得如何。她跟我聊了她的兒子，以及她遭遇的麻煩。我給了她想法與建議，她也樂於聆聽。而蜜雪兒也詢問我的近況，有沒有交女友，以及事業做得怎樣。她似乎很喜歡聽我這個二十出頭的年輕人經營價值數百萬美元公司的故事（我兩年前還在念高中，同時在麥當勞打工），她想了解我的創業歷程。久而久之，我們變成了好朋友，我還會開玩笑說，她是我的「俱樂部乾媽」。我們甚至每年都會一起吃一次飯，而且都由我買單，以表達我對這份友誼的感激。

我記得某個週六晚上，我帶了三個朋友到「精品店」去。我從小就有些很酷的朋友，他們手臂上到處都是刺青，其中一人在脖子側邊也有刺青，而且他們都比我高很多。（這不難啦，對我這種身形的人來說，會覺得跟幾個彪形大漢一起出門比較安全。）

門口的警衛看著我跟那三個朋友說：「四男、沒有女生，身上還有刺青？你們還是去其他地方吧。」

我們走到一旁，然後我傳了訊息給蜜雪兒，跟她說我在門外，能否幫忙帶我們進去，如果她在忙，或人太多那也沒關係。她幾分鐘內就回了：「在那裡等我。」她出來後，斥責保全為何不讓我進去，還告訴他們，不管我帶多少人來都不能將我拒於門外。那時有個保全說，我朋友脖子上的刺青違反了規定。結果，她馬上從脖子上取下圍巾，圍在我朋友的身上，然後親自帶我們進入店裡。

之後那些警衛再也沒有攔過我。有次，有個好友的生日派對結束後，我帶了二十個朋友過去（二十人沒錯！），他們也直接放行、讓我們排成一列進去。沒有半個女生，他們也沒說什麼。

如果當時，我把我的人脈分成三類，蜜雪兒肯定屬於非凡人物那一類。但現在，我工作跟以前不同（我也長大了，我甚至不記得上次去俱樂部是什麼時候），關注的事物也不再相同了。因此，我的非凡人物與動能夥伴也跟著改變。

你有發現，對待非凡人物的方式，和對待動能夥伴與潛在客戶有何不同嗎？非凡人物不是那種可以讓你從關係中馬上獲益的人。相反地，你必須不停地主動給予建議、表示感激，甚至還得投入大量的時間。

正式進入社交場合前

參與活動前，能先知道有誰會參加就太好了。如果你跟參與的人已經有過多次交談，實際出席時就能延續先前的話題，這不是很好嗎？壓力應該也會小一點吧？

我二〇一四年初次來到奧斯汀時，才發現自己必須認真看待社交這件事。我不想只是出現，然後期待最好的結果發生；我也不想在活動結束後心想「社交沒什麼用」或「今天只是運氣不好」。在這個數位時代，一定有更巧妙的方法。

所以我決定上網做點調查，看看我的潛在非凡人物、動能夥伴與目標客戶常出席哪些活動。幾分鐘內，我就發現了一個針對小型企業主及其支持者舉行的每月活動，是「資本工廠」（Capital Factory）這家當地的共用工作空間舉辦的。

接下來我又發現，「資本工廠」有個臉書社團。加入社團後，我看了上個月有哪些人參加過。這很簡單：有幾個人張貼了和活動相關的照片，所以只要查看被標註者的個人資料就好。然後，我搜尋了這些名字，並在領英上找到他們。

認真看完每個人的資料、決定我想要聯繫的人之後，我分別傳了一則簡短的訊息給他們：「很高興透過網路認識你！我剛來到奧斯汀，聽說『資本工廠』舉辦的聯誼會是很棒的社交活動，能讓小型企業主與其支持者建立關係，我也很想結識新朋友。我看到你去過這個活動，請問你會推薦我參加嗎？」

我聯繫的其中一人是湯姆・辛格（Thom Singer），當時他是奧斯汀唯一獲得「專業演講者資格」（CSP）的人，那是由「美國演講者協會」（NSA）頒發的最高認證。他回覆我：「當然！不過，我還不能接受你的好友申請。至少要等我們先喝杯咖啡？」

「就這麼說定了！」我立刻回應。見面時我又再次重申，我剛搬到奧斯汀，想在美國重新開展我的演講事業，所以希望能成為講者社群的一分子。

結果他說：「你知道嗎？你可以用我嘉賓的身分，出席下一次的奧斯汀美國演講者協會智囊團活動，到時我會把你介紹給所有人認識。」

他確實信守了承諾。我在活動現場看到他時，他走過來，像老朋友般和我握手，然後將我介紹給屋內的其他人。我現在有很多美國演講者協會的客戶，甚至還有一些非常支持我的好友。能擁有這些客戶與朋友，除了靠努力，也因為其中有位備受尊崇的成員把我引薦給大家，讓我自然且迅速地脫穎而出。（幾年後，湯姆就是將我票選為專業演講者的委員會成員之一，而我成了奧斯汀第二個榮獲這項資格的人。）直到今天，我們還是好友。

我從另一張被標記的照片上，得知某人是奧斯汀「Google創業週末」（Google Startup Weekend）的主辦人。我從領英發訊息給她，告訴她我在澳洲做了些什麼，以及我很樂於給予新興創業家回饋。她沒有回覆我……但當我參加下一次的「資本工廠」活動時，她認出我來，我們聊得很開心。接著，她帶我去見了活動的主持人尚恩・達菲（Sean Duffy）。之後，尚恩就常邀請我去擔任奧斯汀「Google創業週末」活動的評審。

根據我的初步調查，我還發現，奧斯汀最常舉辦的人脈交流活動叫作「科技地圖」（TechMap）。Meetup和其他社交平台都會把個人資料連結到app，藉由這些連結，我找到了幾個很好的潛在人脈。我尤其想認識這個活動的發起人喬翰・伯格（Johan Borge），而他也接受了我的好友邀請。

喬翰聽說我想回饋新興創業家，便邀請我在他的活動發言。後來我又因緣際會，到另一場商業競賽擔任評審（也就是「天使駭客」〔AngelHack〕的開發者黑客松競賽）。

不到一年，我變成這個城市人脈最廣的人物之一，受邀出席了各式各樣的活動。我的人脈包含市長、市政府官員、州長辦公室、小型企業管理局的地方官員、創投公司的高階主管、所有大型共用工作空間的創辦人或管理者、奧斯汀本地公司的資深領導者、非營利組織的出資者、奧斯汀各大學的資深教授，以及各家小公司裡的許多大人物。

我分享這些不是為了炫耀，而是要告訴你，社交其實比想像中簡單。我只是在網路上做了一點調查、找出具有潛在價值的人，然後主動聯繫他們。如此一來，等到正式見面時，我們就可以直接繼續交流。再加上本書中提到的其他策略，就能準備好在社交場合上大顯身手。你很快就能跟我一樣啦！

這就是策略型社交。

在現今這個時代，有各種社群媒體、社交網站與app，如果你想要，可以透過這些管道找到許多你所需的個人資訊——這就是「網路足跡」。大家會張貼他們參與各種活動的照片、對貼文按讚或留言、宣傳自己要參加的活動，而他們的朋友與同事也會標註他們……這一切都等著你去挖掘。

從這些個人資料中，你通常都可以猜到，那些潛在人脈究竟是非凡人物、動能夥伴，還是潛在客戶。他們是否有播客節目？他們是公司（或社會）裡的大人物嗎？他們是否寫過書？他們是領導委員會的成員嗎？他們是否曾經發起自己的活動？他們是某些菁英俱樂部的成員嗎？他們是否曾在某個地方擔任志工？

每次我想跳過參與社交活動前的調查環節，就會想起某個朋友告訴我的話。我在某場活動開始時遇見她，她說的第一句話是：「很遺憾地告訴你，如果你是來這裡推銷東西的，那就是在浪費時間。這裡賺不到錢。」她接著解釋，在過去半年，她一直自願在這裡擔任活動主持人、希望能找到新客戶，卻沒有賺到任何錢。

但在活動開始前，我已經照我事先準備好的敘述（下一章會詳述），和所有預先調查過、聯繫過的人都溝通了一遍，也敲定了幾場會面。這讓我在「賺不到錢」的場合上拿到價值數千美元的訂單。此外，我還受邀為另一場活動致詞（新認識的非凡人物邀請的），並結識了一些人（新認識的動能夥伴介紹的）。其實，這些「薛丁格的貓」般的機會一直都擺在我這個朋友面前。但由於她在社交時漫無目的、沒有策略可言，才導致她確信，在場的每個人都毫無價值。商機就在那裡，她只不過是說錯話，或與錯誤的人交談，才錯失了潛在機會。

所以，下次當你打算出席某場社交活動或會議時，先上網做點調查。若你想向一群公司董事推銷商品，或和一群高階主管面談，你會不會先了解他們的背景？當然會！同樣道理，社交也應該如此。

在美國晶片大廠英特爾（Intel）的一次活動上，我演講完後，有位與會者走過來跟我打招呼。我們談了一下和說故事有關的話題，然後他又變回了拘謹矜持、不喜歡閒聊的內向者。他說：「我通常很難跟人搭話，但跟你開口卻很容易。今天聽完你的演講後，我覺得彷彿早就認識你、可以過來跟你聊聊剛才的演講。但我還是無法與這裡的其他人交流，因為我不夠了解他們，也不曉得該聊什麼實質內容。」

他的感慨令我有些困惑。這次活動共有八十五位英特爾最資深的業務與行銷主管到場，許多人都已經在這家公司工作了幾十年，更不用說多年來，他們都常飛往世界各地參加這類活動了。

我問他：「你知道有誰出席這次活動嗎？你能不能提前拿到與會者名單？」

他思索了一下，接著說：「當然可以。」

「那你能在活動開始前，先在網路上搜尋這些人，然後透過領英或其他社交平台聯繫嗎？或者可不可以先看看他們的貼文？」

他的答案仍是肯定的。

「那就沒有什麼能阻礙你跟你的同事們交流了。下次，你也可以先選好你有興趣的職務或部門，看看那些人在社群媒體的個人資料裡寫了什麼。他們是哪裡畢業的？他們有沒有分享自己喜歡的文章？然後，再看一下他們有沒有公開貼文。」

我接著說：「舉個例子，我認識戴爾科技的一位資深副總。他每天都會發關於『派樂騰』（Peloton）腳踏車的貼文，這是他的新愛好。想像一下，如果我也喜歡派樂騰，那實際見面時，我們就能聊聊這個話題。你的潛在人脈也是如此，他們會發文介紹正在做的專案、關心的慈善機構，以及愛看的書等。你只要說『期待見面』，然後下次提到他們感興趣的事即可。」

為了強調這個策略的重要，並告訴他效果有多好，我和他分享了一個故事。我去「美國內部銷售專業人士協會」（AA-ISP）演講時，和我的團隊聯繫了所有來參加這個活動的副總。因為他們有些人開車就可以到我目前居住的地區，即北卡羅萊納州的「羅里-杜拉姆三角區」（Raleigh-Durham Triangle），在活動開始前，我們在當地為能來的人準備了咖啡。至於其他人，我們也敲定了在活動期間碰面。因為我們和每個人都安排了會面，導致我幾乎沒有自己的時間。（可能有點過頭了，我現在正學著放慢工作節奏。）

在活動開展的幾週內，我就和某家大型醫療器材供應商與大型電信公司，達成數萬美元的合作。與此同時，我也被引薦給一家全球最大的演講機構，很快又讓我得到一個新的工作機會：酬勞高達五位數的主題演講，我也因此新認識了許多非凡人物。這些非凡人物為我帶來更多的客戶與演講活動，同時也讓大眾更認可我的工作。

一切都是因為，我在正式進入社交場合前，就已經開始與人交流。

別害怕在參與活動前，就先跟十到二十個與會者交流。你要先關注非凡人物，其次是動能夥伴，再來才是潛在客戶或潛在雇主。請記得，一位非凡人物或動能夥伴能為你帶來幾十個、幾百個，甚至幾千個潛在客戶或雇主。他們才是你改變人生的關鍵。

好了，現在該來了解你在社交場合要說什麼才恰當。

第七章

社交場合，該做些什麼？

害怕搞砸對話，又想真誠待人，
做好準備是唯一的捷徑。
而反覆琢磨的劇本，成就每一次有意義的對話。

「重複的行為造就了我們。因此，卓越並非一種行動，而是一種習慣。」

——節錄自史學家威爾・杜蘭（Will Durant）《哲學的故事》（*The Story of Philosophy*）

你看過《今天暫時停止》（*Groundhog Day*）這部電影嗎？如果有，你應該會記得男主角菲爾（由比爾・莫瑞〔Bill Murray〕飾演，巧的是，這位演員也是內向者）。菲爾被迫不斷重複同一天的生活，於是他決定利用這種無限循環，來擄獲同事麗塔（由安蒂・麥道威爾〔Andie MacDowell〕飾演）的芳心。他花了幾個星期，試圖說對話、做對事，並營造出完美約會。他不停嘗試、邀請麗塔參加各種活動，想盡辦法摸清她的喜好。他甚至還學會了新技能，像是冰雕、彈鋼琴。他保留了有效的做法，沒效的就換不同的方法。你應該也記得，最後真正讓菲爾成功的原因，是他變成了一個更好的人。不過這點你應該早就做到，不需要再學啦！

不過，你可以透過這部電影，了解我這套社交法則的關鍵概念：注重系統化方法，而不是對話本身。在這部電影裡，菲爾不斷對麗塔說同樣的話、做同樣的事，每次只改變其中的一個小細節。經過多次調整後，他終於達成了目標。我希望你走進社交場合時，就能具備這樣的心態。你不該期待第一次，甚至是第十次交談就成功。如果真的成功，那頂多是意外收穫。現在，我希望你先把注意力放在更有條理的談話上。每天都不停地琢磨、精練這段談話，假裝自己是《今天暫時停止》的男主角。

我這套方法的神奇之處就在於此，關鍵不只在於爭取到非凡人物、動能夥伴與潛在客戶的支持，也在於要讓他們驚嘆。

為擴展人脈做好準備

在成長過程中，大家都說我有閱讀障礙，幸好我媽不斷帶我去看醫生，最後知道我是罹患「光敏感綜合症」（Irlen Syndrome）的視覺處理障礙。好消息是，只要戴上彩色的眼鏡，我就能開始閱讀；而壞消息是，班上每個人都嘲笑我戴著滑稽眼鏡。而且我還滿臉青春痘，還記得有天打籃球，球打到我的頭、砸爆了臉上的痘痘，那時同學的嘲笑比被球打到還更令人受傷。

那些日子使我自信心受損，這樣說還太輕描淡寫。我連跟朋友說話都很困難，更別說跟陌生人了。如今，我將過往的逆境都視作成功的種子。我雖然缺乏自信，卻還是決定要勝出，這讓我得用很不一樣（但適合我）的方式來社交。

找到有效的社交方法之後（一種打招呼的方式，或大家會喜歡的、能建立親和力的手法），我就盡量每次交流都用同樣方式。過程中，我發現很有趣的事：這種模式用得越多，社交就越自在，同時也更有自信。這種情況下，我能輕鬆、流暢地與人交談。不久後，我甚至能輕鬆且迅速地和他人建立關係。

我還發現另一件特別的事，那就是我可以每次都用同樣的內容與人交談。對他們來說，都是第一次聽到這些內容。

試想一下，如果你重複同樣的談話一百次，難道不會在第一百零一次時做得更好嗎？一定會。就算實際情況只有八成是照你的預想進行，你也一定可以在更放鬆的狀態下，更有效地引導那剩下的百分之二十。

請想一想：你都在什麼時候搞砸事情？最緊張的時候，對吧？內向者往往會想得太複雜。我懂，我就是這樣！我們經常會糾結要說什麼。與此同時，時間一分一秒過去。或者碰到這些狀況：有人問到你出乎意料的問題；有人在你沒有心理準備的狀況下，跟你講笑話；你強迫自己跟人交談；對方對你職業的反應不如預期（就像我那位經營健身房的鄰居）——這些時候，你的爬蟲腦就會進入「戰或逃」的模式。你無法好好思考對方說的話，因為你的注意力幾乎都聚焦在準備應戰或逃跑上。

即便是現在，我跟親友外出參與社交活動時，有時還是會語無倫次或語塞。這可能無所謂，不過我就連跟老婆兩人在家時，也還是常常發生，我和布蘭妮還常拿這些事開玩笑。當我自己發現、或她點出這種情況時，我就會笑著說：「我可是專業演講者耶！」但有趣的是，這很少發生在我的社交場合。

只要掌握這套系統化的社交方法，你就不必再頻繁改變。如果你通常是在同樣場合、跟相同類型的人（你的目標客群）聊天，而且你也已經根據你的調查，選擇要交談的對象，那麼你會發現，他們說的話（包括笑話）、提出的問題多半都一樣。這表示，你永遠都知道你要說什麼（不過你的聽眾會覺得對話很自然）。

想成功到這種程度，你必須要讓我所謂的「社交劇本」臻於完善，先將你要說的話編寫成一套腳本。

如果你讀過我的第一本書，應該已經明白編寫劇本的力量了。不過如果你第一次讀我的書，對於這種概念的反應，可能會和我很多客戶與學生初次聽見時一樣：「馬修，我想要真誠待人，不想聽起來像照劇本念。」

你如果這樣想，我完全能理解。我最不喜歡讓人覺得我沒有誠意。我的品牌信譽正是建立在「真誠」的基礎上，你當然也該如此。但我想問你一個問題（有人對寫劇本有顧慮時，我都會這樣問）：「你最喜歡哪部電影？」

曾有位客戶回答，他最喜歡《紐約黑幫》（*Gangs of New York*）。

當時我說：「哇，我非常喜歡那部電影！李奧納多・狄卡皮歐（Leonardo DiCaprio）超棒的，對吧？不覺得他的演技很自然嗎？」（順帶一提，狄卡皮歐也是內向者。）

「對啊，他把那個角色演得淋漓盡致！」

「那你知道，他是照劇本演出的，對吧？」

聽到這句話，客戶疑惑地看著我。

我繼續說：「狄卡皮歐不像電話推銷員，只是照著劇本念而已。他背下台詞，反覆練習，直到能像平時說話，自然流暢地表現出來。如果你能寫一套實際對話的腳本，你也可以完美地演繹。」

接下來，我想分享關於寫劇本的另一個關鍵：正式走進社交場合前，先熟悉你要講的內容，這能讓你顯得更真誠、更自然。你會比較冷靜，同時專注跟他人交談。

畢竟，你在跟陌生人初次見面時，是不是總會擔心自己說錯話？你是不是常常太注意自己要講的，結果有時會漏掉對方說的？那麼，你不覺得「先知道要說什麼」可以消除許多壓力與顧慮嗎？

我跟別人分享這種觀點時，總會想起《全民情聖》（*Hitch*）這部電影。威爾・史密斯（Will Smith）在裡面飾演約會顧問希契，教男人們如何追到夢中情人。在某一幕，希契說：「女人們有沒有想過，男人就是因為會緊張，才想事先計畫？他們不知道在表明心意、說出『我喜歡你』之後，你會有什麼反應。」

我不是在建議你為下次約會寫一套腳本——不過我認為做點規劃確實有幫助。我想說的是，你準備得越充分，就越能融入這些社交對話。提早準備，可以讓你知道要說什麼、做什麼，讓你展現真實的自己，但你必須有所準備。

如何邀請對方與你交談

經過前面的說明，你發掘了編寫社交劇本必備的所有材料。現在，你只需要用某種適合你、給人感覺真誠的方式將內容整合在一起。

我在第五章中提過，我總是先問對方：「所以你是做什麼的呢？」我專心聆聽、對他們說的感同身受，並真誠地提問。由於我全神貫注地傾聽，到了某個時刻，他們也會想詢問我的職業。我只要等他們主動提問，再按照我事先準備的腳本回答就好。

以下是我替客戶編寫的基本腳本：

「我是○○（某個專屬稱號）。」

接著，對方會問：「○○（某個專屬稱號）？那是什麼？」

「感謝你的提問！」

（此時，請精簡且熱情地告訴他們，你對你目標客群的嶄新認識，以及你能替他們解決的三個主要問題，或帶來的理想結果。）

選項一：「嗯，我不希望看到△△（目標客群）發生什麼樣的情況（敘述他們面臨的問題）。」

選項二：「我希望看見△△（目標客群）有什麼轉變（描述成功案例）。但我發現××（陳述問題）。」

「你認識這樣的人嗎？」

（等待對方回應。他們幾乎都會說認識，如果你先做好調查的話更是如此。）

「嗯，我的任務是幫助△△（目標客群）明白／實現／克服／避免××（獲得的喜悅，或是無法得到的痛苦）。不必○○（多數人都這麼做），而要把重點放在三個經常被忽略／遺忘／異常簡單的步驟上。」

（表現出要多作解釋的樣子，然後先停下來。）

「其實，你知道嗎？我先舉個例子。我初次見到○○時……（開始說故事）。」

針對故事得到教訓或總結後，問對方：「是不是很有道理？」

（等待對方回應。）

讓我統整一下。當對方請我說明「快速成長小子」是什麼的時候，我會這麼說：

選項一：「嗯，我不希望看到那些內向的小型企業主，明明職業技能很強，卻總是陷入一種循環——努力尋找有興趣的潛在客戶、想辦法脫穎而出，嘗試做成生意。但在這段自我推銷的過程裡，潛在客戶似乎只在意價格。你認識這樣的人嗎？」

選項二：「嗯，我希望看見那些擁有足夠能力、熱情、天賦與信念的內向者相信自己，並開創自己的事業。但我發現，很多人最終都陷入永無止境的循環——努力尋找感興趣的潛在客戶、想辦法脫穎而出，嘗試做成生意。你認識這樣的人嗎？」

他們當然認識。因為上述幾乎完全涵蓋了我的目標客群，或相關的族群。

接著，我會說：「我的任務是協助這些企業主明白，他們不必放棄理想事業。因為有種方法，可以讓他們做自己喜歡的工作，同時賺到可觀的收入。他們不需要再精進職業技能（因為他們多半已經很擅長了），而要聚焦在三個經常被忽略的步驟。其實，你知道嗎？我先舉個例子。溫蒂（惠特尼或德瑞克）第一次來找我時……。」

最後，在針對故事進行深度總結後，當我問對方「是不是很有道理」時，多數人都會回答：「是啊，我也是如此！我需要和溫蒂一樣的東西！」、「我和溫蒂的問題差不多！」、「天啊，你真專業。雖然我不是小型企業主，但我想把你介紹給○○。」

你看，他們接受了一場充滿熱情、使命感與故事的強力洗禮。他們在我的話語中感受到我的興奮與熱忱。他們怎麼可能不受影響？如果真的是我的潛在目標客戶、動能夥伴或非凡人物，怎麼可能不進一步發展關係？

事實是，正如先前提過的，多數人在幾天、幾週、幾個月，甚至是幾年裡，都沒有遇到半個帶給他們啟發的人。如果你能給人啟發（哪怕只有一瞬間），哇！他們就會想與你多做交流。

現在你可能會有個常見的想法，忍不住懷疑：「真的有人願意聽這麼久嗎？」我基於自己的數千次交談，以及和客戶與學生的對話經驗，可以明確告訴你真的有。

這一切之所以有用，出於以下幾個原因。第一，你不只是在對他們說話；這套腳本是為了雙向交流而設計。第二，因為有強力的專屬稱號，對方會要求你提供更多資訊。你沒有強行推銷，只是針對他們提出的問題做解釋。第三，由於你對他們說的內容表現出由衷的興趣，他們也會用同樣的態度來回應。第四，假使你已經做過適當的調查，對方自然會是目標客群或相關人士。這表示，你所說的將直接適用於他們或他們的熟人。第五，當你開始說故事，他們大腦中的鏡像神經元就會開始發射訊號，告訴他們：「故事時間到了！」

請記得，多數人都不太擅長社交。所以就算你表現得不夠完美，還是比那些只想交易的推銷者，或是漫無目的、毫無計畫、浪費時間的人好得多。

你甚至會發現，對方當場就想要聘請你。這是個好消息，對吧？但接下來，我們先來看看這個好消息為何可能變成問題，以及當這種狀況發生時，該如何處理。

別急著達成交易

幾年前，我在奧斯汀一場商業活動上擔任志工時，認識了蓋文和雷伊，那時他們剛買下一家銷售培訓公司的特許經營權。

活動上，每位小型企業主都有十五分鐘和每位導師溝通、獲取建議。我和他們兩人的談話時間都還沒過一半，他們就問我願不願意和他們共事，並詢問我的報價。

我當然想抓住機會，尤其那時我才剛搬到美國，很希望自己的品牌能脫穎而出。但我沒有馬上答應，而是跟他們說：「你們願意進一步合作是我的榮幸。我敢說，我一定幫得上忙。但我今天在這裡的主要目的是為了『回饋』。在這種氛圍下跟你們談生意，感覺像在濫用信任。如果你們願意，我希望能改天再談。」

他們當然同意了。於是，我們約好隔天詳談。這場會談結束時，我們就決定一起合作了。不過有件很酷的事：他們在活動結束後的回家路，討論只要我的報價在一萬美元左右，就確定和我合作。他們還說，我沒有急著抓住合作機會，反而加深了彼此的信賴與尊重，同時也鞏固了我在他們心目中的價值。簡言之，我之所以願意說「現在還不行」，是因為我站在他們的角度思考，進而促使交易真正達成。

若有人說想和你合作，無論條件有多誘人，都不要急著當場達成交易。社交場合不是談論細節的好地方。因為你可能太匆忙、可能被其他人打斷，這都會令對方不自在。你可以回答：「你願意和我合作是我的榮幸。但我還沒充分了解你的需求。如果你願意的話，我希望下星期／下個月有機會和你簡單通個電話／用Zoom進行會議／喝杯咖啡／吃個午餐，並進一步詳談。這樣你方便嗎？」

請記得，你的目標是拿下訂單。而在社交場合以外的地方安排一次會面，正是你達成交易的最好機會。

談話結束前，約好下一次

如果對方沒有立刻決定聘請你或購買你的產品，該怎麼辦？該如何讓對話愉快又圓滿地結束？你演完了整套腳本，也講完了你的故事，並且以「是不是很有道理」作結束。接下來，該怎麼做呢？

經過反覆練習（你練習越多次，就越容易預測模式），你可以運用行銷人員稱作「行動召喚」（Call to Action）的策略。這是指藉由一連串的詞句，來驅使對方做出符合期望的回應。不斷準備與練習這些行動召喚，將大幅提升你的能力，讓你把愉快的對話轉變為可觀的收益。

你必須為潛在的非凡人物、動能夥伴與目標客戶，分別準備一套行動召喚。以下是我對每種群體的建議內容：

對於這些潛在非凡人物，你可以說：「〇〇（對方的名字），這次談話真的很愉快。但如果你還需要跟其他人說話，我不想占用你太久。我能不能寄電子郵件聯絡你，和你約時間吃個午餐或喝杯咖啡？你接受這種邀約嗎？」有必要的話，你也可以主動介紹一、兩個人給對方認識。

如果你確定對方是潛在動能夥伴，你可以說：「〇〇（對方的名字），這次談話真的很愉快。但我不想獨占你的時間。我也得跟現場的幾個朋友打聲招呼，我之前答應過他們。（等我回到辦公室，一定會把我答應介紹、或我覺得對你有用的人的聯繫方式傳給你。）這樣可以嗎？」

最後，如果對方是潛在目標客戶，尤其是他們告訴你，他們也遇過你故事裡的那些問題時，你就可以照以下內容說：「如果你願意，我們可以找個時間簡短通話／Zoom會議，或一起喝杯咖啡／吃個午餐，然後我可以說明一下，我之前是怎麼協助溫蒂的。你覺得這會有幫助嗎？」（關鍵在於，說這段話時要表現出不在意成交與否的態度。畢竟，你只是想幫點忙而已。）先提供一次免費且針對性的建議，就能讓你和許多人建立起信賴關係。這種信任足以使他們樂於接受你的無償協助。

一旦他們接受你的提議，你可以回答：「太棒了！雖然我接下來幾天行程很滿，」然後你拿出手機，之後說：「但我看了一下行程表，或許可以安排在○天早上的○點，或○天下午的○點。這兩個時段你方便嗎？」我通常會提供一週內兩個不同天的不同時間給對方選擇，其中一個時段在早上，另一個時段則在下午。這會讓他們關注的點從「我真的需要馬上安排時間嗎」，轉變為「思考更適合的會面日期與時間」。

（我現在要分享另一個技巧，每次我參加社交活動時都會用。這在發掘潛在客戶上有極大幫助：對於還沒決定要跟我進一步詳談的人，我會提議寄電子郵件給他們，並免費提供一些有價值的訊息。這封郵件只是為了試圖協助他們自己解決問題，但這個動作之後也為我帶來意想不到的收穫。）

就是這樣。這些簡單的行動召喚和整套腳本與故事，能幫你迅速且有效地拓展人脈，並為你帶來可觀的收益。

當然，不管你與誰交談，不會一切都照計畫進行。但就算只有百分之八十按照原本的計畫發展，請想想這將會對你的人際交往產生怎樣的積極影響。

接下來，讓我舉個例子，說明有計畫與沒計畫兩者的差異。

「策略型給予者」與「交易型索取者」

我在為某場會議進行相關調查時，打開了主辦單位提供的活動app，能看到所有參加或出席活動的人（包含職稱），而且只要點擊一下，就能查看他們的領英檔案。接著，我開始聯繫每一位潛在非凡人物或動能夥伴，就跟我給你的建議一樣。其中一位是美國電腦大廠ＩＢＭ的資深主管湯姆・德克爾（Tom Dekle），我發現他和我住在同個城市，即北卡羅來納的教堂山（Chapel Hill），此外，我在他的領英上看到他得過銷售終身成就獎。他當時並沒有回覆我。

不過到了活動現場，我從他身旁走過時，他顯然認出了我。雖然這看似是偶遇、是一次極其幸運的機會，但請記得路易・巴斯德說過的話：「機會是留給準備好的人。」

多數人參加活動時，都會先找地方站著、坐下，或甚至躲在角落，我則會四處走動，尋找認識的面孔或認得我的人，笑著跟他們打招呼或做眼神交流。通常短短幾分鐘內，就會有「機會」產生。關鍵在於到處走動，要看起來從容地去到某個地方。我經常從吧檯走到廁所，再走到餐點區。有需要的話，我還會走到外頭、裝作打電話，直到「偶遇」發生。當然如果空間太小，你只能這樣做一、兩次，不然會很奇怪。但如果你已經先聯繫過，你會發現很快就能遇見他們。至少你也可以走到外頭之後，算好時間回去，或許進門的那一刻會遇到某人。你可以幫對方開門，然後說：「你也剛好要進去啊？」這可能就能開啟對話。

起初，我只覺得湯姆有點眼熟。畢竟我之前聯絡了很多人，但他沒有回覆我。不過他自我介紹後，我就想起了他是誰，同時也想起我們都住在教堂山。

我們開始聊教堂山，發現我們的妻子都喜歡同一家書店，然後我們都喜歡同一類美食餐廳，以及我們都喜歡費爾林頓村（Fearrington Village）。接著，我們聊起生意上的事，這自然讓我對他，以及他做的一切產生興趣。不久後，我就開始和他分享我的專屬稱號、熱情與使命。

最後我說：「湯姆，這段對話很開心。不過，如果你還需要跟其他人交談（請注意關鍵字「需要」），我不想占用你太多時間。我可以請我的助理跟你聯繫，等回到教堂山，我們可以一起去吃午餐。」（你會發現，這是我為潛在非凡人物所準備的行動。）

我準備好結束對話，也向他表示，我很尊重他的時間、不會緊抓著他不放。這也表明：我們是一樣的；我們是平等的。我想建立真實且真誠的關係。我並不是只顧自己，而這也不是什麼自我推銷。這同時也保證，我不會留太久。我給了他最簡單的方法，他可以回應：「謝謝你，馬修，真的很感激你這麼說。祝你接下來一切順利。」

結果他卻說：「不，馬修，我也覺得聊得很開心。如果你沒有其他事要做，我很樂意跟你繼續聊下去。」

太好了！現在，我得到了他的許可、可以繼續進行對話。

讓我快轉十分鐘。我們交流時，有個男人快步走進宴會廳，他四處張望，看到我們之後就直奔而來。「嘿，朋友們，這裡我真的誰都不認識，」他說：「介意我加入你們一會兒嗎？」

不幸的是，他在不知情的情況下就出師不利了。我和湯姆這樣面對面交談，顯然是在私人對話，不會希望被旁人打擾。這就是我的非凡人物好友伊凡・米斯納（Ivan Misner）所謂的「封閉型群體」。

然後他問我們：「你們是做什麼的？」我們簡短回答之後，他又接著說：「太好了！那你們說的話肯定很有道理。我可以問你們一些問題嗎？」接著他就開始了長達十五分鐘的問答環節。我和湯姆都毫不吝嗇地回答，但還是有點尷尬。因為我們都覺得，他硬生生打斷了聊得正起勁的我們。最後出現令人尷尬的停頓，他也意識到該離開了。（我必須承認，這種錯誤我也犯過不只一次，所以我也對這個傢伙深感同情。）

他一離開，我和湯姆繼續享受交流，又聊了十五分鐘左右，然後我開始了另一段事先準備好的陳述：「湯姆，真的很高興能與你交談。不過，現場的餐點似乎要收了。我讓你今晚餓肚子的話，你可能永遠都不會原諒我。我承認，我也快餓扁了。幾個星期之後，我請你喝咖啡如何？到時可以再進一步聊聊。」

明明很順利，為什麼要這麼說呢？

請記得，我喜歡讓對話在高潮處收尾。這是能讓你獲得後續面談的最佳時機，對吧？

湯姆回答：「好啊，那真是太棒了，就這麼說定了！」

那天稍晚，我做了我所謂「轉最後一圈」，也就是在正式的社交活動中，感覺活動將進入尾聲時，我就會特別在最後繞場一周，就像剛抵達時那樣。我會在活動現場隨意繞行一圈，但這次我只想找跟我有眼神接觸的人。一般而言，有些是之前跟我聊過的人，有些是我在活動前聯繫過、但還沒交談過的人，還有些是剛才無意間聽到我跟其他人談話的人。他們往往會說：「我一直想在你離開前碰到你。」然後，他們不是進一步提問，就是詢問能否約個時間進一步電話聯絡。回家前轉最後一圈的收穫，常常讓我很驚訝。

然後由於「運氣」使然，當我朝大門走去時，正好碰見湯姆和另外兩位ＩＢＭ的高階主管。

「馬修！」他說：「我們正要離開。要不要和我們一起去喝一杯？」哇，多棒的機會啊！這位ＩＢＭ的資深副總與銷售終身成就獎得主邀請我去喝一杯，而且是和其他兩位高階主管一起！但我還是禮貌地拒絕了他。

「非常感謝你的邀請。我很想去，但我明天還有很多事要處理。要是沒有好好休息，我大概無法保持最佳狀態。我們可以改天再約嗎？」

「當然可以，」湯姆回答：「期待很快就能和你在教堂山碰面。」

回到旅館後，我在領英上聯繫那兩位ＩＢＭ的高階主管，並感謝邀請。接著，我傳訊息給湯姆、為沒能參加今晚的活動道歉，並告訴他，我的助理會盡快安排時間見面。

在那之後，湯姆就成為我非常好的朋友，也變成在工作上大力支持我的一位非凡人物（他還替本書做了宣傳）。在我們後來都參加的一場當地活動裡（那次的場地小得多），湯姆的鼎力支持讓一家醫療器材供應商成為了我的客戶，初次交易就高達兩萬多美元。（光靠自己的力量，我是無法獲得這個客戶的。）

現在，我們來對比一下我跟前面那個傢伙的做法。他沒先做任何調查，也不曉得他的聊天對象（我和湯姆）究竟是誰，就直接闖入我們的私人談話、逕自聊了十五分鐘。

無論他想做什麼，他的行為都表明，他此行的目的只是為了自己。由此可見，他是個交易型索取者。遺憾的是，他離開時很可能不懂為什麼，只是想著「社交根本沒用」，或「今天只是運氣不好」。

對比之下，我以策略型給予者的姿態參與這場活動，離開時已經結識許多高階主管與幾位潛在客戶。

這就是為什麼我會說，百分之九十的成功社交案例都發生在社交場合以外的地方。如果你把注意力放在這套系統化方法，而不是個別談話上，並且在出席活動前做足功課，社交就會很簡單。突然間，你會變得非常「幸運」。

一而再、再而三地練習

如何在社交活動的過程裡停止焦慮，提升自信？如何用社交劇本與人交流，而不會顯得造作？答案是，練習。

好消息是，熟悉這套腳本並運用自如，其實花的時間比你想的還要短。

我把這分成三個步驟：

1. 敘事連結：記住整套腳本與故事的流程。
2. 想像：想像你如何使用這套社交劇本。
3. 和朋友一同練習：和你信任的人一起做角色扮演，確保你能清晰表達，並發現任何你可能遺漏的部分。

接下來，讓我們仔細分析這幾個步驟。

敘事連結

你有沒有看過舞台劇演員的獨白？如果演出很精彩動人，你一定會訝異於他們能一邊表演，一邊講出一長串台詞。

幸運的是，你的社交劇本比演出舞台劇容易許多，你也不必成為演員。你只要練習怎麼談論你自己、你的熱情與使命，以及你幫助人的故事即可。

對多數人而言，要記住這套腳本的開頭並不困難，但要記住三個關於自己的故事，就有些令人卻步。畢竟這些故事通常長達好幾頁，而且裡頭充滿了自己想要精準表達的情感內容。但我保證這真的很簡單。

以下是我牢記第一個故事的方法：

首先，我會把整篇故事用十八級字印出來（印滿了整整四頁），接著將每一段內容都歸納成幾個字的重點，這樣就足以喚起我的記憶。我會先把第一段讀幾遍，然後試著根據剛才寫下來的重點，將整段內容大聲說出來。如果我卡住了，而重點也幫不了我，我就會重新修改，讓重點臻於完善。

只要可以在不借助這些提示的情況下背誦這段內容，我就會轉向下一段，並重複相同步驟。當我不看筆記就能複述第二段的內容時，我會試著把這兩段內容一起說出來。通常只要提示一、兩次，就可以很快地將兩段內容背下來。然後，再依序背誦第三段、第四段……。只需要約兩小時，我就能完全記住並複述整個故事。

就是這樣。用這個簡單的方法，重複練習幾小時，你就可以把整個故事記下來。

重要提示：在熟悉這套腳本的過程中，你會卡住，但這也無妨。請不要為了填補空白而即興發揮，這樣會讓你記不住一開始想表達的內容。你最初編寫的社交劇本才是最簡要的版本。

因此，當你卡住或發現自己在編造各種細節時，就必須停下來，讓自己重新回到正軌。休息一下、喘口氣，看看能不能想起腳本上的內容。如果想不起來，請查看你遺漏的部分，然後從頭開始背誦。過程有時會有點無趣，尤其是在後面某段犯錯的時候。但熟練整篇故事只是時間問題，所以請堅持下去！

想像力是你的朋友

在我二十七、八歲時，為了更了解語言與思想，以及它們對情緒與行為的影響，而參加了神經語言程式學（Neuro Linguistic Programming）培訓課程。

培訓過程裡，其中一位講師布拉德．格林特里（Brad Greentree）和我們分享，他曾經透過想像力訓練讓學員們成功潛水。

他說在這次意外發現之前，他都是招收一批批新學員，讓他們穿上潛水裝備、帶他們上船，然後要他們依次潛入水中。潛水過的人就會知道，要把頭埋在水裡並保持呼吸，會有點不自在。我自己有潛水執照，可以證明這有多令人不安，尤其是對第一次下船潛水的人來說。你會擔心撞到頭；你剛入水時會大喊「噢，天啊」；你會有點迷茫，要不停提醒自己可以在水中呼吸。

常常有人剛入水就恐慌，為了讓他們冷靜，他只好帶他們回去岸邊。他都是獨自帶隊，表示所有人都得回到船上、重新開始。更糟的是，在大家回船上、準備試第二次時，還沒入水的人的緊張程度可能高了近一倍。每個人都注意到其他人的恐慌，卻只能坐在船上，在長達半小時的航程中胡思亂想、想著輪到自己時會發生什麼（想像力能幫你，也可能害你）。

他的第一個解決方案，是找另一位員工和他們一起。這位員工帶著驚慌的學員返回岸邊時，他就可以繼續帶團潛水。但這樣讓他的利潤變得非常低。

大概就是在這時，他遇見一位神經語言程式學教練，這位教練向他提出了某個他從未想過的做法。

他說：「前往潛水地點的途中，可以先讓學員們閉上雙眼，想像一下自己下船潛水時的情景。接著，讓他們試著想像自己和魚兒一起游泳、手掌輕拂海底的細沙、眼睛凝視美麗的珊瑚，之後再回到船上、相互擊掌，一起慶祝這次美好的體驗。」最後教練還建議他，帶領學員下水前，至少再讓他們想像一次整個情境。

布拉德跟我們說：「這個方法很管用！」後來，他的學員就很少有人恐慌了。

為什麼這能發揮效果？因為我們的大腦無法分辨真實場景與虛構場景的差異。就潛水者的爬蟲腦與邊緣系統而言，他們至少已經順利下船潛水了兩次。

我在社交活動上發言時，也會運用這種可視化技巧。當我發現自己有些緊張時，就會想像自己正在台上行走，現場每個人對我所說的每句話都全神貫注。我說完最後一句時，所有人都起立鼓掌、歡呼。然後，我會想像自己面帶微笑離開會場，回到旅館、跳躍著慶祝，就像孩子剛知道爸媽要帶他們去迪士尼那樣。

我也將這種方法用在社交上。下車前，我會先閉上雙眼、想像自己走進社交場合。然後我會想像，在走進大門的幾分鐘內，就碰到了某位我一直想見的潛在非凡人物。接下來，還遇到某位潛在動能夥伴，然後又遇見某位潛在目標客戶。在離開現場前，我會一邊想像有人示意我過去聊聊，一邊繞場走完最後一圈。當我走過去時，他們會告訴我，他們剛才無意間聽到我與其他人的談話，想問問我是否願意之後打電話詳談。最後，我會想像回到車上、低頭翻看收到的所有名片，並回憶這次活動中敲定的所有會面。睜開眼睛前，我會花時間回味自己當時的感覺——這往往會讓我既興奮又激動！

只要這麼做，我內心的焦慮、壓力與擔憂就會煙消雲散。想像的過程不僅可使我們不受情緒牽制，還能有效協助你練習社交劇本。在牢記這套腳本後，你可以閉上雙眼、想像自己走進社交場合，然後和潛在的非凡人物、動能夥伴與目標客戶交談。構想一下你們對話時的場景，尤其是你依照腳本行事的前後情景。試著想像可能會出現的所有場景，包括你不曾想過的對話（第一次構思時，你也許會想到很多），接著慢慢睜開眼睛、把某個很棒的回應方式記下來，將它編入劇本裡。然後，再次閉上眼睛、重新開始。

你很快就會找到一切答案。在大腦經歷過多次成功之後，你不但會對自己的社交能力更有信心，真正處理事情時，也會變得更得心應手。

但在正式進入社交場合前，我還希望你做到一件事。

和朋友一同練習

我只要覺得自己完全準備好了，就會請妻子、同事、員工、父親（母親）或朋友一起做角色扮演。先讓他們飾演寬容溫和的人，接著再扮演一些挑剔難搞的角色。這不僅能幫助我掌握流程與節奏，還可以幫助我發掘那些還沒規劃好要應付的狀況。

這麼做時，記得先花點時間向協助你的人說明，你的目標客群是怎樣的人。我如此大費周章，是為了真實地再現這些角色。這樣一來，他們提出的問題就會更貼近現實。

採用這項建議，你只要花幾小時做好準備工作，就能在下次社交活動中獲得比過去二十年裡更豐碩的成果！

是的，你必須付出努力，並強迫自己走出舒適圈。但這是你獲取應得報酬、贏得應有尊重的開始。

所以，花點時間把事情做好吧。

第八章

隱形步驟：後續跟進聯繫

沒有後續跟進的社交互動，
就像忘了澆水施肥的種子。
想打造人脈，保持聯繫不可少。

「長期的持續努力，勝過短期的全力衝刺。」

——李小龍

你去過農夫市集嗎？談到這你可能會想，要種出那些漂亮、新鮮的農作物，究竟需要耗費幾個月的時間。

你能想像嗎，農人們在春天播種時，必須犁完每一寸田地，再將種子都撒進土裡？但田間工作不只這些。作物生長期間，你必須確保生長所需的水分與養分，等到收穫季節來臨，你還得去收割作物，這時你才能把作物帶到農夫市集出售、將成果變現。

如果在播種與收穫階段，農人不去照顧作物；如果他們放任這些種子自然生長，不澆水、不施肥，什麼都不管，你覺得會怎樣？還會有那麼多收穫嗎？或許還是能收穫一些，但遠遠比不上悉心照料後的成果。

沒有後續聯繫的社交，就像是被農人忽視的作物。

當然，你還是可以有所收穫，但如果沒有進一步聯繫，就無法跟能為你帶來豐厚報酬的潛在非凡人物、動能夥伴與目標客戶建立關係。你得花費更多時間來培養這些關係。

請問問自己：有多少次你在社交場合「播下種子」、讓人對你產生興趣，之後卻忽視、忘記，甚至刻意避免花時間「灌溉這些作物」？有多少次你帶著一疊名片回家，然後看著它們，心想：

「我和那個人的對話很尷尬；沒什麼話聊。我不想再做一次同樣的事。當然，如果我很幸運，這可能會變成機會。再等等吧，看看對方會不會找我。」（通常不會。）

「我想，我已經讓那個人覺得我的工作很有趣了。也許我應該主動聯繫他？但我不想打擾他……還是等他主動聯繫我吧。」（通常不會。）

「我幫了那個人不少，但他似乎只想得到免費協助。為什麼沒有人願意付費？」（其實對方可能願意付費。）

「我和那個人聊得很愉快，但除了培養友誼，似乎沒有其他價值。我得換一個新目標。」（其實對方可能是很棒的動能夥伴。）

這些顧慮我都懂。我學會用正確方式與人交流之前，也經常那樣做、那樣想，我的很多客戶也是如此。

還記得第二章提過的吉姆・柯默嗎？他做出了艱難的選擇，決定把重心放在演講撰稿與演說培訓業務上。確立目標後，他又是如何努力賺到兩萬美元的？他的成功並不是靠認識或打電話給新的潛在客戶，而是靠後續聯繫。在聖誕節前幾週，吉姆看了看行事曆，發現隔年的工作安排並不樂觀。老實說，是一項工作都沒有。

當然，這不是因為吉姆沒有優異的成果（他工作能力很棒），也不是因為他沒有外出社交、沒有「播種」的機會。一切都是因為，吉姆非常不擅長進一步聯繫。那會讓他覺得自己在強行推銷、死纏爛打，他很討厭這種感覺。所以他總是在等待、希望他聯繫過的人會來找他。如果對方沒有來找他，他會浮現各種自我批判，像是：「他們可能去找更年輕的人合作了」、「我敢說，他們一定覺得我的報價太高」。

但如果吉姆沒有進一步聯繫過，他又怎麼知道實際情況？或許對方家中正好有急事；或許他們把褲子丟進洗衣機，卻忘了名片還在口袋——我就這樣不只一次。或許駭客入侵電腦，讓信箱出問題；又或許只是忙於工作，因此推遲了和你合作的計畫。

我跟吉姆說：「所以後續聯繫很重要。別擔心是不是強迫推銷、窮追猛打，這會讓你聚焦在錯誤的方向。有時候，打通電話、寄封電子郵件，或用社群媒體傳個訊息，才能讓對方積極起來。如果你不進一步聯繫，他們可能會一直卡在瓶頸，無法獲得他們應得的成果。你應該為了他們，也為了你自己這樣做。」

我的話鼓舞了吉姆，最終他說：「好吧，我會做。我會發電子郵件，或打電話給我最近聊的潛在目標客戶，然後看看會怎樣。」

短短幾小時內，他的排程就變得截然不同。他不僅收到了多個團體明年的工作邀請，對方的回應也令他十分驚訝。其中一人立刻回覆他：「噢，天啊，真高興你主動聯繫我！我們的董事會一致認為，你是我們活動的最佳人選！但不幸的是，我們這邊先前出了些狀況，大家都找不到你的聯絡方式。我們差點就要重新找人了！我們想和你預約合作，還有空檔嗎？」只是稍微聯繫一下，就可以產生如此驚人的效果！

接下來，讓我們來談談怎麼進一步聯繫潛在的非凡人物、動能夥伴與目標客戶。

進一步聯繫潛在非凡人物

對於這些潛在非凡人物，我建議你寄一封類似以下內容的電子郵件：

○○（對方的名字），很榮幸今天能與你交談，同時也了解了你工作中那些令人興奮的事。聽到□□（自訂訊息：一件和你的熱情與使命有關的事，或者如果真的想不到，就寫一件他們真的感興趣的事），我備受啟發。

我也很高興你願意繼續跟我聊下去。不知道你什麼時間方便？（提供對方四個時段，近期兩個，稍晚兩個。每個時段都訂在一天的不同時間，其中兩個時段在早上，另外兩個時段則在下午。）

我當然很期待再次見面。或許可以一起喝杯咖啡？不過，若是你最近很忙，也可以安排語音或視訊通話。

期待很快就能收到回覆。

另外（如果需要），隨信附上之前跟你提過的△△（期刊文章、新聞報導、統計數據、書籍，或其他對他們有用的內容），希望你也覺得有用／受啟發。

如果我還沒進一步聯繫先前認識的人（不限於潛在非凡人物），我會先用領英聯繫（現在領英是值得選擇的專業平台）。我也會在其他能找到的社交平台上關注他們，同時希望他們也可以關注我。此外，對於所有的潛在非凡人物與動能夥伴，我還會在臉書上發送好友申請。如果我發現潛在目標客戶藉由臉書進行商業合作，或是感覺他們樂於新增好友，我也會發送申請。

如果我和對方在領英上還不是好友，我通常會發送以下內容作為好友申請訊息；如果已經是領英好友，我則會用私人訊息傳送：

○○（對方的名字），很榮幸今天能見到你，也很高興聽你說□□（和上述郵件內容類似的自訂訊息）。我剛才寄了一封郵件給你，裡頭有提到幾個可以進一步面談的時段，不知道你是否收到？我發現最近的垃圾郵件過濾器有點煩人！

考慮到潛在非凡人物平時工作很忙，而且很受歡迎，我通常會先等二至四週。對方沒有回應的話，我會再度聯繫他們。發送一至三封訊息後，如果還是沒收到任何回覆，別氣餒，你可能沒做錯什麼。千萬不要把這當作拒絕。很多潛在非凡人物每天都會收到數百封電子郵件與訊息，此外，許多深具影響力的人物為了測試你，還會刻意忽視你的訊息。

傑佛瑞．基特瑪（Jeffrey Gitomer）就是一個很好的例子。

二〇一七年，我剛完成第一本書，想找個影響力比較大的人替書做宣傳。當時，我的編輯提姆·布爾加德（Tim Burgard）特別推薦了一個人給我。提姆說道：「我知道他不是個內向者，但如果你能得到《銷售紅皮書》（*The Little Red Book of Selling*）作者傑佛瑞·基特瑪的推薦，我們這本書的公信力也會大幅提升。」

「我不認識傑佛瑞，但我會想辦法聯繫他。」我回答。

我在領英上搜尋了傑佛瑞的名字，然後發現有幾個共同聯絡人。一般而言，只要找到三個人幫我介紹，我就可以和我想認識的人建立起關係。但不幸的是，我的三位聯絡人把我推薦給傑佛瑞的幾天後，他還是沒有回覆。

當週之後幾天，我在跟《銷售力》雜誌創辦人傑哈德·葛史汪德納（傑哈德是在工作上大力支持我的非凡人物）例行通話時（還記得嗎？是我的動能夥伴茱蒂·羅賓奈特介紹我們認識的），我問他認不認識傑佛瑞。他說認識，然後馬上用電子郵件將我們介紹給彼此。他甚至還在介紹過程中，請傑佛瑞為我的書做宣傳。

這一次，傑佛瑞回覆了我的訊息，並同意替我的書做宣傳。接著，為了增進我們的關係，我又跟他說，我很想進一步了解他、親自感謝他，並且也想看看，我能怎麼感謝他的支持。結果，他完全沒有回應。

於是，我又寫了封信給他。這次我告訴他，我一直是他播客節目「用心銷售，其餘免談」（*Sell or Die*）的聽眾，還特別提到我很喜歡的一集。我跟他說，回顧他們節目的所有來賓之後，我發現他沒探討過「內向型銷售」的主題。我還表示，我很榮幸幫他進行調整、讓他更能滿足部分鐵粉的需求。（請特別注意，我沒有在這次訊息裡，提及和我個人有關的訊息，以及我為何會是很棒的來賓，而是提到了如何服務他的聽眾，並填補節目內容的空白。）然而，他依舊沒有回應。

最後，我在領英上發了封訊息給他，說我要到他居住的北卡羅萊州夏洛特（Charlotte）去，或許可以安排會面，我已經透過電子郵件傳給他時間與地點了。請注意，我不只是發訊息問他「收到信了嗎」、「有什麼想法呢」，或者說「我只是要確認一下，我的信是否送達」，而是每封信都增添一些新的資訊。這一次，他終於回答：「好的！」

面談過程中，我們聊了關於「堅持」的話題。他說，他對於「進一步聯繫」有所謂的「三次原則」。他不熟悉的人如果沒有持續聯繫他至少三次，他通常是不會回應的。他只想跟真正展現出誠意的人交流。

會談結束後，他和他的未婚妻珍妮佛（珍妮佛是他播客節目的共同主持人，現在他們已經結婚了）都說，他們聊得很開心，接著問我接下來有什麼安排。最後他們調整行程，帶我在夏洛特市四處參觀，甚至試圖說服我和布蘭妮搬到那裡住。

一星期後，他們在Instagram上發布了一張照片。在那張照片中，他們手裡拿著我的第一本書《I型優勢》，然後表示閱讀「朋友」寫的這本書，令他們「激動不已」。這是何等榮幸啊！如果沒有堅持聯繫，我恐怕會錯過這次機會。

你必須像這樣「照顧」你的潛在非凡人物。他們有時需要比較多的關心與關注才能「成長茁壯」，但這些忙碌的人往往會「結出最豐碩的果實」。

進一步聯繫潛在動能夥伴

進一步聯繫潛在動能夥伴很簡單，跟他們交談時，你只要主動引薦一至三個人給他們即可。我通常會介紹播客節目主持人給他們認識，因為這些主持人總是在尋找有趣的來賓或動能夥伴。除非有充分了解，否則我不太會把非凡人物引薦給他們。要先確認對方是有價值的給予者，我才會介紹珍貴好友給他們認識。

希望你的潛在動能夥伴也能立刻介紹幾個朋友給你。而當你有空時，就盡快把你答應介紹給他們的人的聯繫方式傳給他們。

如果你答應引薦一個人給對方，請馬上把這個人的聯絡方式傳給他們。這不但能向潛在動能夥伴證明，你信守承諾，也能為關係奠定基礎。這一切都是為了使你們建立互助關係，並進一步發展。別糾結於得失；請記得，你是個給予者。你要有點信心、相信對方會回報你。

如果你答應介紹兩個人給對方，請立刻將第一個的聯繫方式傳給他們，然後等幾天再傳第二個。要引薦三個人時，也是同樣的做法：先介紹兩個給他們，然後等幾天再介紹第三個。

為什麼要這樣？因為人一忙起來就會健忘。慢一點介紹最後一個人，會讓對方心想：「他又引薦了一個人給我，但我還沒介紹人給他！我最好快一點。」

寄出第一封介紹信之後，請立即用領英發送私人邀請或訊息給對方：

○○（對方的名字），很榮幸昨天能見到你。這次談話真的很開心。我之前答應過你，要介紹△△（一個人或幾個人）給你，剛才已經把他（他們）的聯繫方式傳給你了。不知道你是否收到？我發現，最近的垃圾郵件過濾器有點煩人！

希望他（他們）能對你有所幫助。

下次再聊！

對於這些潛在動能夥伴，我不會給他們設定回覆期限。我只會等看看他們會不會回覆。如果他們沒有，那也無所謂。我知道他們只是還沒準備好成為「給予型動能夥伴」。這表示，我只介紹了幾個人就擺脫了一個「索取者」。好險！順帶一提，我到現在還是很重視為播客節目主持人或動能夥伴提供價值，所以我還是會努力物色新的動能夥伴。

進一步聯繫潛在目標客戶

對於潛在目標客戶，你可以根據初次對話的狀況，從以下兩種方法擇一聯繫。

如果他們當場同意進一步交流，而你也立即敲定了會談時間，後續你只要簡單發封電子郵件、確認會議細節即可。這封郵件的內容會像是這樣：

〇〇（對方的名字），很高興昨天能見到你。另外，很開心我的建議對你有幫助。

我非常期待能在這星期五（十七日）下午一點（美東時間）進一步了解你的需求。隨信附上會議邀請函。

我大力推薦，可以先抽出一點時間看看以下貼文／影片／播客專訪（附上連結）。（簡單說明一下，該貼文／影片／播客專訪對他們有什麼幫助，但不要摻雜任何帶有宣傳目的的內容。）我想，你應該能從中得到不少收穫。

期待很快就能與你談話。

（附上會議邀請函。）

如果你沒有當場敲定進一步電話溝通，但對方問你有哪些方法可以聯繫你，你的訊息應該這樣寫：

選項一：〇〇（對方的名字），很高興昨天能見到你。另外，很開心我的建議對你有幫助。

如同我先前承諾的，我方便進一步詳談的時段如下。這兩個時段你是否方便？

（提供一星期裡的兩個不同日子的不同時間給對方選擇，其中一個時段在早上，另一個時段則在下午。）

期待很快就能收到你的回覆。

選項二：○○（對方的名字），很高興昨天能見到你。另外，很開心我的建議對你有幫助。

我們之前約好要進一步詳談，以下是我的排程app，你可以直接點擊這個連結，然後在上面預約。

（附上排程連結。）

期待很快就能與你談話。

你會發現，我在選項二附上了一個排程連結。我大力推薦你也這麼做，因為像是Calendly或OnceHub這樣的線上會議排程工具，能避免對方沒完沒了地問：「那時候我不太方便，這個時間你可以嗎？」它不僅能避免無謂的精力消耗，也可以防止潛在目標客戶突然失聯。

畢竟，人們都喜歡立即滿足需求。當他們準備好和你約定通話時間，就不會想等待。如果無法馬上與你敲定時間，他們很可能會去Google尋找其他選擇。你應該不想這樣吧。線上會議排程工具可以避免這種狀況，能使潛在客戶放心、讓他們感覺事情正朝著期望的方向進行。

對待所有的潛在目標客戶，和對待潛在的非凡人物與動能夥伴一樣，也可以用領英發送私人邀請或訊息給對方。內容建議如下：

> ○○（對方的名字），很高興昨天能與你交談。我剛才寄了一封郵件給你，內容是關於我們即將進行／正在安排的通話，不知道你是否收到？我發現，最近的垃圾郵件過濾器有點煩人！
>
> 期待很快就能收到你的回覆（與你談話）！

和潛在非凡人物一樣，從現在開始，你就必須持續聯繫。（約一星期後）你可以先寄封電子郵件，（兩、三天後）再用社群媒體傳訊息，（隔天）再打通電話，（再過、兩三天）最後再打一通電話，外加傳送一則語音訊息。

重點是要記住，和上面提到的傑佛瑞・基特瑪一樣，在進行後續聯繫時，你得提供某個特定原因，並增加一些新資訊。請記得，你所提及的內容必須和對方有關，而不要只提到你自己。例如：

「我要去西班牙旅行了，等我回來之後，我的行程會排得非常滿。在出發前，我想先跟你聊聊怎麼幫助你□□（簡單地提一下對方期望的某種結果）。所以我想確認一下，我們是否已經約好時間。」

「我馬上就要做個大型專案，但我不想搞消失。要不要找時間通個電話？」

「我記得你說過，你接下來要參加△△（某個活動），而你想在那之前先□□（對方期望的某種結果）。考慮到我的行程快要排滿了，我想最好先與你聯繫一下。」

如果對方還是沒有回覆，那也沒關係。你可以用自己的方法找到潛在客戶，然後再把那些方法分享給我。畢竟，我們是在相互學習。

先休息一下，坐下來深呼吸。有了這章最後一塊拼圖，你已經掌握了這套系統化社交方法中的所有要素。我和很多人都透過這套循序漸進的方法，讓事業成功。

但目前為止，我們都在討論理論知識、事前準備工作與模擬練習。在下一章裡，我會帶領你走出辦公室，正式進入社交場合。

第九章

建立人脈的回饋工廠

進入社交場合，不是經營人脈的終點，
而是驗證方法的大好機會。
創造系統，然後設法讓它一步步完善。

「點滴匯聚，積少成多。」

——坦尚尼亞諺語

萊恩・戴斯（Ryan Deiss）是「數位行銷人」（DigitalMarketer）這家電子學習供應商的創辦人，他是網路行銷領域的大人物，也是非常典型的內向者。

我在播客節目「I型優勢」（*The Introvert's Edge*）的訪談中，告訴萊恩：「許多人都很喜歡數位行銷的新世界，因為他們相信，這表示他們可以在家用筆電與他人交流、不需要有太多直接接觸。在這個時代，你真的不用與客戶交談就能直接成交嗎？」

他回答：「沒錯，這是遲早的事。」

然後，萊恩和我分享了新商品「數位行銷人HQ」發布時的故事。他告訴我，這跟所有產品的研發過程一樣，起初只是構想。但他知道自己想創造出來，便在「流量與轉換高峰會」（Traffic & Conversion Summit）上宣布了這個消息（那是全球首屈一指的數位行銷大會）。他跟現場聽眾說：「這個商品現在還不存在，但如果你們有任何疑問，或有興趣參與測試版，可以到數位行銷人的攤位洽詢，我會親自解答。」

之後三天，他跟其他人做了一百多次談話。他描述當時的感受：「那是我人生最糟糕的三天了。」到最後，他已經精準了解到人們想要什麼、不想要什麼、喜歡怎樣的故事，以及怎樣能引發共鳴。現在，他靠著那三天收穫的行銷與銷售劇本，在自家公司的網站、數位行銷人所舉辦的各種活動上，以及透過公司的內部團隊，賣出了大量商品。他說：「如果沒有這些對話，我們恐怕永遠都無法這般成功。」

那麼，這些人際互動的真正價值是什麼？簡言之，就是驗證。萊恩可以藉由一次又一次的簡短談話，來驗證、琢磨、修正他要傳遞的關鍵訊息。

這也應該是你的重點。既然你掌握了有效社交必備的所有要素，也非常熟悉你的那套腳本，那你前幾次外出社交時，就必須聚焦在你得到的各種回饋。你的目標在於，找出哪些談話內容有效、哪些無效，以及怎樣的內容能引起目標客群的興趣。

驗證效果的重要性

第一次驗證時，你一定會想確認，這整套腳本與故事能否達到預期成效，但最重要的是，先確認你的專屬稱號能否發揮效果。你得確保它能吸引目標客群、使他們對你講述的內容有興趣，而不是扯你後腿，或是將你視作跟同行沒什麼兩樣的大眾化商品。

傑伊・卡利（Jay Kali）就是個很好的例子。

我初次見到傑伊時，他正為了個人網路培訓事業苦苦掙扎。他當時是有幾位常客，但他們並沒有結清款項，而且他已經八個多月沒有新客戶了。

傑伊在「快速成長學院」社群裡分享他的作業時，大家很快就發現，雖然他和很多種類型的人合作過，但真正讓他充滿熱情，並感受到最大成就感的，是協助女人在產後重拾信心。

傑伊對這樣的新定位感到興奮，開始構思自己的故事與專屬稱號。在社群成員的幫助下，傑伊很快就想出三個精彩的故事，並選定「信心建築師」這個專屬稱號。現在，他只需要一點練習，同時也準備好要在實戰中驗證了。

不久後，他要到外地出席某場會議，便決定在會議上嘗試一下。當然，你不必為了驗證猜想，而特地去參加會議。我有許多學生都是選擇參與當地的人脈交流活動。在新冠疫情期間，很多人都會透過線上社交活動來做驗證。對傑伊來說，這場會議之所以是好選擇，純粹只是因為他已經受邀。這將會是測試他專屬稱號的絕佳機會。

抵達機場後，傑伊跳上計程車，準備前往旅館。司機詢問他的職業時，他回答：「我是『信心建築師』。」司機很自然就對這個稱號產生了好奇心，繼續問他那是什麼。於是，傑伊按照事先準備好且反覆練習過的社交劇本，發表了一番談話，並講述他經歷過的精彩故事。最後，他做了深度總結，並且問對方：「是不是很有道理？」

司機立刻回覆：「是的。其實我女兒剛生完小孩，她想恢復身材……。能給我名片嗎？」

當天稍後，傑伊來到會議現場。其中一場小組會議要求所有與會者輪流分享職業，例如：「我是催眠師」、「我是文案撰稿人」。在場所有人都用職業技能來介紹自己。

輪到傑伊時，他說：「我是『信心建築師』。」這是唯一有小組成員打斷的一次，那人問：「那是什麼？」這時，傑伊直接陳述他社交劇本的第一個部分，然後問：「你們認識這樣的人嗎？」現場有許多人都點了點頭。傑伊看到小組長沒有因為他耽擱太久而催促，於是繼續說：「我的任務是幫助……。」講完第一部分的內容後，他沒有說明後續的故事，而是結束發言：「我不想占用大家太多時間，如果想進一步聊聊，歡迎晚點來找我。」

結果，小組會議一結束，馬上就有好幾個人向傑伊要名片。這個專屬稱號已證實有效了。順帶一提，之後才不到六週，傑伊的工作預約就排滿了。

雖然我很想告訴你，驗證結果通常很理想，但其實並非如此。

還記得第二章提過的尼克．詹森嗎？他從牛仔騎士變身保險業務員，一開始他想的專屬稱號是「金融牛仔」。

當時我說：「尼克，雖然我覺得這稱號很酷，但我不覺得會得到你想要的效果。首先，我擔心『金融』會讓大家立刻把你當成和同行沒什麼兩樣的大眾化商品。其次，我聽到時的直覺是危險又可疑，但當然這和你毫無關聯。」

尼克還是非常喜歡它。他認為，這將他身為牛仔的過去，和現在協助小型企業主擁有幸福退休生活的新職業連結在一起。他真的很想用。

我跟他說：「尼克，你覺得這個稱號能代表你的一切，你很喜歡，這很重要。但這也必須讓你期望的目標客群有共鳴。這樣好了，你不妨直接在社交場合試用一下，看看大家有什麼反應。」

遺憾的是，跟我擔心的差不多，結果並不理想。我們只好重新來過。

很快地，尼克就想出了新稱號。我覺得，這個稱號可以充分展現他熱衷於拯救工作狂（像他祖父的小型企業主），避免他們有不愉快的晚年生活。於是，尼克就此成為「工作狂救生員」。

如今，就像你在第二章中看到的，這個新專屬稱號使他賺到更多的佣金。他現在的表現十分出色，可以選擇把家庭生活放在第一位，再決定工作時間。

夏琳・威斯蓋特也是很好的例子。你也許還記得，她幫助人們在亞利桑那州的惡劣氣候中打造後院綠洲。她一開始想自稱「綠洲設計師」，這的確很好記，但驗證效果並不好。夏琳非常喜歡，但她卻表示，跟別人提起時，對方會鎖定「設計師」這個詞，然後把她放回「景觀設計師」的大眾化商品陳列架上。

她和尼克一樣，必須放棄稱號，你可以想像這有多痛苦，因為她已經將整套腳本寫好，並再三練習過了。但她選擇相信這套方法與流程，然後重新開始。

不久後，夏琳就想出了新稱號「自然協調者」。在社交場合使用過這個稱號後，她說：「馬上就有成果了。」在不到一年內，她不僅收入暴增，還贏得了兩項著名的年度最佳小型企業獎。

人們對夏琳和尼克最初的專屬稱號評價是有點刺耳，但他們收到回饋後，很快就做出相應調整，這正是成功的關鍵因素。是的，捨棄自己很喜歡的稱號確實不好受，但這也是驗證流程的一部分。

這讓我想到一項關於驗證、非常重要的最後建議：你得完全接納並認可新的自己。

吉米・布朗（Jimmie Brown）是很好的例子。若不接受新的自己，很容易就會出錯。

吉米是一家精品店託管服務供應商的老闆。跟他交談後，我了解到，他已經用他們公司的技術協助了很多企業，但與眾不同的是，他能幫助通過認證的註冊會計師（CPA），應付隨報稅季而來的繁雜工作與安全挑戰。

你可能不知道，就算是全年無休的會計師，碰到報稅季來臨，工作量還是會遽增。能處理額外資源需求的高效系統，是這段繁忙期的生存條件。但問題是，有許多會計都抱持著「如果沒壞，就不用修」的心態。換句話說，除非系統在報稅截止日前幾天崩潰，或遭到駭客入侵、導致客戶個資外洩，他們才會找人維修。

那時，我跟他說：「吉米，你何不自稱『註冊會計師救生員』？」我接著解釋，這個稱號充分表示，他有能力協助忙碌的會計師事務所，擺脫技術與安全層面的壓力與挑戰。

「我非常喜歡這個稱號。」吉米回答。

「太好了，接下來就是在實戰中驗證效果的時候了。」

過了幾週，吉米在我們的網路社群裡宣布，他的新網站已經建置完成、希望大家可以提供各種意見回饋。但他還沒提到驗證有沒有成功。

這時我主動聯繫他：「吉米，很高興得知你建好了新網站，但我有點擔心。你在實戰中驗證稱號的效果了嗎？」

「不，還沒。我想先把我的網站和領英上的個人資料都準備好。」

我提醒他，驗證不是指準備好一切，而是要先確認每件事都是正確可行的，之後才花費心力建立網站與更新社群媒體的個人資料。這是為了確保你的專屬稱號、社交劇本與故事，能使目標客群產生共鳴，並且讓他們對你感興趣，或感到興奮。

吉米似乎陷入了我所謂「忙碌拖延」的惡性循環。他除了那件試圖逃避的事之外，其他都可以做。於是我說：「朋友，你現在做的事都很好，但這也是種逃避。現在你應該找一場活動、做好相關調查、練習你的腳本，然後勇敢地踏出舒適圈，驗證一切是否有效。」

我的建議吉米只聽進去一部分。他去參加了「商業網絡國際」（Business Network International）在當地舉辦的一場活動。會議上，每個人都受邀用六十二秒介紹自己。吉米站起身來、說自己是「註冊會計師救生員」，並說明他工作的核心內容。

這時，有個想幫助他的聽眾說：「你的工作聽起來能協助任何企業。我可以把我認識的所有企業主介紹給你嗎？」

吉米興奮地回答，彷彿他會得到數百個機會似的：「沒錯，我確實能幫到所有企業主！」

結果，吉米回來跟我說：「我參加我人生中的第一場社交活動，也驗證了我的專屬稱號。但遺憾的是，人們並沒有看見『幫助註冊會計師』這件事的特殊之處。」

「沒關係，這也是驗證流程的一部分。」我回答：「但我想問，你和別人分享專屬稱號時，是否有人邀請你進一步說明？你有沒有依照你的社交劇本發表談話，並告訴他們你的故事？」

「沒有，」他說：「我只分享了專屬稱號，之後就沒有時間闡述全部的內容了。」然後，他向我重現當時的大致情況。

「吉米，我有個好消息和壞消息。好消息是，你的專屬稱號與社交劇本還沒失敗。壞消息則是，你還沒真正驗證效果。」我解釋，跟別人分享專屬稱號會讓自己在同行裡脫穎而出，但接下來，他花時間描述自己的職業技能，又抹煞了他的獨特性、讓他再次變回某種大眾化商品。這就是可能出錯的原因。

然後，我提出了我更在意的事：「我有點困惑，你為何在說你能協助任何企業之後，就不繼續談論其他內容了。你本來可以回答：『沒錯，我確實能幫到所有企業主。

不過，幫助會計師事務所應付隨報稅季而來的繁雜工作與安全挑戰，才是我與眾不同的地方。這不僅是我的熱情所在，同時也是我選擇專攻這項業務的原因。』」

「我那時以為，如果我同意他的說法，他就會給我更多機會。」

「或許他會，但他介紹給你的人都只會認為，你和那些誰都能服務的託管服務供應商沒什麼兩樣、毫無記憶點可言。對這種人來說，價格永遠都是重點。如果你是針對目標客群加倍努力，或許引薦不會那麼多，但他們都非常適合你。他們會把你視為最佳人選，並為你的專業知識支付高額酬勞。」

「試想一下，在接下來幾週或幾個月裡，有位註冊會計師向你認識的『商業網絡國際』成員抱怨，他們公司的電腦速度太慢，或有安全隱患。他們也許會拒絕別人推薦『另一個託管服務供應商』，但不太可能會拒絕認識一位專家，尤其當引薦人稱你是『註冊會計師救生員』時更是如此。」

說明完這些之後，我對他說：「該重新開始了。重新找一場活動、先做好適當的調查、充分練習你的腳本，然後再去驗證一切是否有效。」

吉米的故事告訴我們，重點不只在於構思專屬稱號與社交劇本，也在於真正接受你所學的一切，並且學以致用。如此你才能獲得必要的回饋，進而成為社交非凡人物。

創建並改善生產線

我喜歡把我的社交方法想成福特汽車公司的生產線。亨利・福特因推出全球首款量產汽車而聞名。但真正體現他天賦的，是那套持續改進的系統化方法。

如果你是歷史愛好者，那你可能會知道，一九〇八年八月，福特汽車在密西根州底特律製造出第一輛T型車。這款穩定可靠、經濟實惠的量產汽車，讓他們非常成功。事實上，福特汽車發布產品的幾天內，就收到了一萬五千輛T型車的訂單。

但在開始生產的第一個月裡，他們只產出了十一輛車。是的，就只有十一輛。按照這種速度，他們得花一百一十三年才能完成訂單。為了加快生產速度，福特把生產線分成八十四個區塊。他每天都針對生產線的各個環節進行修正，以提升效率。

一九〇九年年底，第一輛T型車問世後還不到一年半，福特汽車就生產出一萬多輛T型車。一九一六年，T型車的年產量超過五十萬輛。到了一九二七年，他們位於「高地公園」（Highland Park）的生產線已經產出第一千五百萬輛T型車。

那麼，福特汽車究竟是如何迅速提升生產速度的？答案是簡化流程。

早期福特的生產線很簡單，不太容許差異性。其實多年之後，福特汽車才開始生產其他顏色的車子。你也許還記得他的金句：「客戶想要什麼顏色都行，只要是黑色就好。」這正是我希望你在社交時的注意點。

就像亨利．福特優先考慮建造一條高效的生產線，然後再考慮增添其他花俏的裝飾，我希望你在想要如何精進話術之前，先專心把基本的事做好。

我希望你能先專注於創造一套你可以掌控、預測、運用的系統化方法，然後再加以改善。

每次社交活動結束後，都要進行審視與評估。是否有人邀請你進一步說明？說出專屬稱號之後，你有沒有記得稍作停頓？大家那時有何反應？你是否完全依照腳本來談話？你的陳述是否聽起來口語？你的故事講得如何？對方是否做出了預期反應？有沒有你不知該如何回應的難題？有些人聽了你的話並沒有行動意願，他們裡面有你的目標客群嗎？如果有，你知道問題在哪嗎？哪些地方是你可以改進的？

問這些問題時不自我批判，很重要。如果沒達到預期效果，並不是因為你本身或性格有什麼問題，只是代表，你的社交方法可能需要改善。這樣想是不是輕鬆多了？

相信這個系統（不管看起來如何），先生產完一部能運轉的車子，再致力於讓這套方法臻於完善。

你可能會不小心把你的故事講得亂七八糟，或在說出你的專屬稱號後，忘記稍作停頓。你甚至可能會發現一切都沒用，就像夏琳或尼克的專屬稱號那樣。但你還是要不斷修正、試驗、改進這套方法。如此一來，不久之後你就能穩定且流暢地使用它。

按照我說的話去做，你很快就能準備好迎接每次社交機會。事實上，無論是參加正式社交聚會、企業活動、會議，或是在飛往某地的班機上，你都知道要做些什麼，同時與他人對話也會令你興奮不已。你會驚訝地發現，那些精巧的話術開始變得容易許多。

不知不覺中，你已經成功與很多潛在客戶交談，並擁有不少強勁的動能夥伴，以及一群願意支持你的非凡人物。

所以，你還在等什麼呢？讓我們一起生產出你的第一輛「T型車」吧。

第十章

投身數位領域

時代隨時在轉變，但好消息是：
一套適合你的流程，無論在哪都適用。
方法不必複雜，精益求精就行！

「被人注意很好，但被人需要更重要。」

——賽斯．高汀（Seth Godin），行銷大師

我無法想像安琪拉．杜蘭特（Angela Durrant）經歷過的事。她丈夫罹癌多年，而她是家裡唯一的收入來源，種種壓力讓她身心俱疲。她擔任聲樂教練多年，但身為家中的經濟支柱（撫養一個年幼的孩子，並支付丈夫的醫療費用），為了支應生活開銷，她只能拚命工作。

更糟的是，安琪拉的丈夫癌症三度復發、接受大手術後的一年內，她的母親也在久病後離世。接著，安琪拉自己也被診斷出糖尿病。醫生說，她必須放慢生活節奏、減肥，以及減輕壓力。不然，下一個進醫院的就是她了。

「這是壓垮駱駝的最後一根稻草。」安琪拉告訴我。這很好理解，試想一下，一個人能承受多少？雖然銀行帳戶裡沒剩多少存款，她還是說：「我知道，我得休息一下。」

但休息半年之後，他們的積蓄已經快要花光。幸運的是，安琪拉大概就是在這時，

接到了她家鄉卡地夫（Cardiff）一家社交活動公司Zokit創辦人尼爾・洛伊德（Neil Lloyd）的電話。不久前，尼爾在社交活動上認識她，他想為他舉辦的商業博覽會與會者提供一些特別的內容。他問安琪拉，有沒有興趣在小組會議中開設一堂高階溝通課。

安琪拉相信尼爾對她的信任，並著手擬定相關計畫，後來她告訴我：「感覺有點像是天意。這結合了我過去在大公司工作時所學的一切，以及這些年來教授聲樂的知識。我太喜歡這份工作了！」因此，她在二〇一九年一月創立了「標新立異溝通」（Maverick Communications），致力於協助管理者與領導者更順暢地和團隊溝通。她感覺終於找到了一份可以翻轉人生的事業——她熱愛這份事業，同時客戶也能支付她高額酬勞。

安琪拉熱衷於新事業，但不幸的是，她經營五個月後，收入還是不到每月支出的一半。這使她深陷債務漩渦。

於是，安琪拉立即採取行動。她開始運用我兩本書裡提到的所有策略。讓我欣慰的是，她因為有強烈的行動意願（也獲得了一些非常支持她的學院成員的幫助），在幾天內就選定目標客群（高階主管）、編寫動人心弦的故事，並想出了她的專屬稱號：「影響力策略師」。經過一些準備與練習後，她就開始參與社交活動，藉此驗證一切是否奏效。

一個月內，安琪拉就敲定了一位企業培訓客戶，以及一連串高階主管的一對一服務。這讓她的收入翻了不只一倍。最終，她不僅沒有欠下更多錢，還慢慢還清了債務。

短短六十天，她的工作預約就排滿了。其實她還開玩笑說：「驗證效果的時候太順利了。我的業務增長很快，但我還沒把所有基礎工作做到位，所以我得快點做。」

實際上，安琪拉只是陷入了另一個周而復始的循環。我知道這聽起來問題很大。我的意思是，她確實獲得了新客戶，但她必須不停參加社交活動，並拓展人脈，以確保能帶來更多收入。與此同時，她還得應付不斷增長的業務需求。

請記得，這本書的首要目標，是協助你在社交場合中掌控全局，這樣你就不必再奔波於各種社交活動（除非你想這麼做）。

那時安琪拉的生活雖然有轉變，但她只算成功了一半。想永遠擺脫這種永無止境的循環，安琪拉就必須把她的成功轉移至網路上。這不僅可以使她進軍全球市場、收取更高的費用，同時也能讓理想客戶主動來找她。如此一來，她就無須再不停尋找新的潛在客戶。

然而，安琪拉不願意踏出這一步。不管我怎麼敦促她關注自己的線上業務，她還是躊躇不前。

我當然知道原因。畢竟，她多年來終於有機會放鬆了。她那時跟我說：「我看到事業快速成長，以及所有的錢都入帳時，感覺自己終於從困境裡解脫。我終於有穩定且持續增長的收入，這很讓我安心。」

安琪拉接著說：「我一直在想要去處理線上業務的事。但我現在已經賺得比以前多，而且我連自己的網站都沒有。所以，我就這樣一個月拖過一個月。不過，現在都還算順利。」

但不久後的一個早晨，悲劇再度降臨，安琪拉的丈夫再次出現健康危機。短短幾分鐘裡，她的狀態就從對未來充滿憧憬，變成跟隨救護車前往醫院。值得慶幸的是，她的丈夫恢復得不錯、可以回家休養。但由於他的免疫功能受損，使得他們在全球新冠疫情的半年前，就必須先自我隔離。

接下來，安琪拉該怎麼做呢？她快速增長的收入全都源自於實體社交活動與面對面教學，但這些途徑都不再穩定。

跟你想的一樣，安琪拉害怕把病毒帶回家，無法外出社交。她才剛建立起來的互助關係戛然而止。她現在別無選擇，如果想繼續養家，就必須開展線上業務，或宣告破產。

幸好她因為社交與銷售劇本已經遙遙領先。多數人都不知道如何藉由網路來傳達自身的價值，就像他們不知道在社交場合要說什麼，但安琪拉已經花費許多心思驗證、改善，並證明這整套社交與銷售方法確實有效。她知道該說什麼，才能讓理想客戶對她感興趣，並產生購買欲望。她只要透過網路將這些訊息傳遞就行了。

問題是，安琪拉的收入即將觸底，所以她迫切希望有效果。她不覺得自己有時間投入所有網路平台。因此，她選擇只在領英上加倍努力。她不僅更新領英的個人資料，還用經過驗證與完善的關鍵訊息聯繫了二十人。

三十六小時內，她就賣出了價值三千美元的課程，而且這筆錢已經進到她的銀行帳戶中。

安琪拉在我們的社群裡分享說：「我發現，我用的方式有點落後，但對我而言還是很有開創性……。它讓我明白，即便周遭一片混亂，我還是可以在一天內賺到錢。」

不久後，有位高階主管與安琪拉聯繫，希望能預訂她的一對一服務。當安吉拉問他為何會主動聯繫她時，他回答：「我在領英上看了你的個人資料，感覺就好像你在跟我說話。所以在打電話給你之前，我就知道我想要找你了。」他是第一位為她帶來一萬五千英鎊（約兩萬美元）收入的客戶。

雖然最初有如災難，但後來安琪拉從只在卡地夫提供教學與培訓服務（當地人口少於三十五萬人），到現在為全球市場服務，得以收更高的費用，也讓客戶主動來找她。

我撰寫本書時，安琪拉已經被困在家裡近九個月，還是沒有自己的網站。她依舊專注在領英。不過，跟在實體場合使用我這套社交方法相比，她在網路上賺到了更多錢。事實上，二〇二〇年四月，就在安琪拉的丈夫癌症四度復發與全球疫情封鎖期間，她創下了有史以來最好的業績。

你永遠不知道，人生會給你怎樣的挑戰。賈斯汀．麥卡洛經歷哈維颶風的摧殘；吉姆．柯默的父母親突然需要他全天候的看護與照料；惠特尼．柯爾曾在幾個月內，就失去了三位長期客戶；我的父親兢兢業業工作十年後，突然被解雇。此外，我想任何人都不會忘記，疫情對數百萬實體企業與穩定職業所帶來的衝擊。

當一切順遂時，生活當然會比較輕鬆，但遺憾的是，人生經常事與願違。也因此，就算一切都很順利，我還是強烈建議你努力拓展線上業務。這是保障你職業或事業的最後保護傘，也會帶給你意想不到的機會。

安琪拉說，如果她能在災難降臨的前一年告訴自己一件事，那會是：「你驗證與改善社交與銷售方法後，哪怕一切看似順利，也不要安於現狀。必須精益求精。」

對開展線上業務的恐懼

我不太好意思承認，但在二〇一四年搬到美國之前，我都認為網路行銷像是天方夜譚。我有過不錯的事業成就，但那都是在實體場合，多半靠著直接銷售、電話銷售與零售店來獲得新客戶。當然，我的每份事業都有自己的網站，但那只是為了讓人們安心支付高額報酬，就這樣。這就是我對線上業務做過的努力。

說我那時對線上業務一無所知，實屬輕描淡寫。我連要怎麼在網站上把「the」改成「they」都不知道。當時為了做這種小改動，我去騷擾網站開發人員好幾週，卻還是無法自己搞定。最後，我只好沮喪地開車到他們的辦公室，結果他們只花了兩秒就改好了。

搬到奧斯汀後，我覺得無論如何都要改變。

最初，我打算藉由面對面社交的方式來拓展新業務。但幾週後，我就察覺這一點：如果我想搬離奧斯汀，那該怎麼辦？之前離開墨爾本時，我就拋下了一切，包括人際網絡、媒體人脈、事業夥伴與同事。如果又用同樣的方式在奧斯汀建立事業，我要不是跟這座城市永遠綁在一起，就是得在搬家後從頭開始。

我發現，我得用更明智的方法來建構事業。也就是說，我得夠靈活，不管去哪裡都可以帶著這套方法。

我需要線上業務。這種概念對我而言不但陌生，還很可怕。那時，我有點被這項工作嚇到，想說乾脆雇個人來幫我。我跟很多自詡為「專家」的人談過，但他們自己都很難找到新客戶，我才不想把我的線上業務交給他們。我知道能遠離恐懼與猜疑的唯一方法，就是自己去學習網路行銷。

我曾經堅持不懈，發掘並建立一套有效的社交與銷售方法，而現在，我必須將重點轉向網路，在線上有效吸引新的非凡人物、動能夥伴與目標客戶，並把相關方法與流程系統化。

我開始全力研究。我每週都透過有聲書平台Audible收聽三至五本書（用三倍速收聽，我們澳洲人不僅說話速度快，聽話速度也很快），同時每天還會用文字轉語音功能聽至少八篇部落格文章，並一直瘋狂做筆記。

當時，我的挑戰有一部分在於策略太多。有些看起來很花俏，也有些看起來有望成功。多數方法都得花上幾個月，還不能保證一定奏效。就連那些基礎資料也充滿了專業術語與自相矛盾的建議。你只要試圖了解過數位行銷的世界，就會發現自己很快就被弄得頭昏腦脹。

另外，我也知道自己無法整天掛在社群媒體上，替午餐拍照、或即興錄製一段影片傳到網路上。這些想法都使我焦慮。而且，由於我有閱讀與書寫障礙，定期發布部落格內容也不可能。我的研究因此更困難，有許多專家都強調不斷發布新動態才是重點。這對我來說簡直像是全職工作。謝謝，但不必了。

煩惱了兩個月之後，我突然恍然大悟。我開始注意到，網路與實體銷售、行銷有相互重疊的部分，以及它們如何共存。我忽然明白，我以前在系統化社交方法上所付出的大量努力，也為我開展線上業務帶來巨大的優勢。這感覺像是破解了通關密碼。

我終於知道，為什麼坊間這麼多建議，重心都放在花俏的手法與大量的辛苦工作上。因為提出這些建議的專家，想幫助用普通稱號來介紹自己的人，在競爭激烈的全球市場裡嶄露頭角。那些專家試圖告訴你，要比其他人更努力工作，或用還沒有人嘗試過的「新事物」，來讓自己脫穎而出。（但別人很快就能學會，這只會讓你白白浪費先前投入的時間與精力。）

我發現，有種方法不僅可以簡化一切，還能避免在網路上瞎忙。不需要什麼華而不實的工具（但我確實找了一些可以將整套流程自動化的工具），只要利用我們在本書中所學到的內容就好。避開那些花俏的手法與自相矛盾的策略後，我就能拼湊出一套真正可行的基本方法。和亨利・福特一樣，在增添花俏裝飾前，我會先考慮建造一條高效的「生產線」。

其實我一開始並沒有嘗試網路銷售。對我而言，那是我不打算面對的不必要麻煩。反之，我把重點都放在使用我經過驗證與完善的關鍵資訊，好讓目標客群注意到我、對我的工作產生興趣，進而主動與我聯繫。之後，我會改用電話溝通，與他們達成交易，或建立非凡人物與動能夥伴關係。

這套方法很管用，而且不困難。就像安琪拉一樣，我已經花費很多心力驗證、改善，並證明整套社交方法有效。所以，儘管網路世界有許多嘈雜，但要找到我的理想聽眾，然後用適當的訊息吸引他們，似乎還算是輕而易舉。

我花了一個月和數百美元建立我的網站與社群媒體上的個人資料之後，就完全沒有再改過。因為我變得太忙、沒有時間處理。

但這並沒有影響到我。即便沒有花廣告費，那些能付高額酬勞的潛在高端客戶也會被我吸引、自動找上門來。（好吧，我大概只花了五美元加強推廣臉書貼文。）

直到二〇一七年，在我的第一本書出版前，我才更新了網站與個人資料，也就是你現在看到的那樣。我還是順其自然，不會因為永無止境的內容創造，或不斷改變的社群媒體行銷趨勢而煩惱。

我每週都會碰到一些人，他們比我更了解搜尋引擎最佳化（SEO）、點擊付費式廣告，或其他滿口專業術語的數位行銷人員所提到的線上業務的成功關鍵。但這並沒有妨礙我在網路上賺取可觀的收入，甚至也沒能阻礙他們成為我的客戶。

所以，請不要迷失在成千上萬的策略裡，不要被那些花俏的手法弄得暈頭轉向。你只要簡單地運用本書裡的方法，創建你的第一條線上「生產線」即可。

人人都具備成功的要素

還記得傑伊．卡利嗎？他是在某場會議上做初次驗證的「信心建築師」。他選擇用這種方式來測試他要傳遞的關鍵訊息，其中一個原因是：他是住在墨西哥坎昆市的美國人。由於語言不通，在當地進行驗證是很有挑戰性的一件事。

語言隔閡也是他很難取得新客戶的重要因素；面對面社交與現場培訓並不適合他。反之，他選擇為英語母語者提供線上私人培訓課程。但他也因此要跟現場培訓講師一較高下，還得與數百個做著相同工作的線上培訓講師競爭——這些人全都用很普通的類似稱號來介紹自己。

但通過驗證之後，傑伊把這些關鍵資訊都放進他臉書的介紹裡，然後再像安琪拉那樣，直接在網路上發送了幾則訊息。也就是說，光是在網站上做了幾個簡單的更動，就讓他的工作預約排滿了。這同時也實現了他五年前設定的目標，一切都發生在驗證成功的短短六週內。

自稱「韻律私語者」的娜塔莎．沃羅比奧娃（Natasha Vorompiova）也遇過類似的挑戰。但不是因為語言不通，而是因為她的新業務和「行銷衡量」有關（一種分析付費與自然線上互動成效的先進方法）。可惜的是，娜塔莎告訴我，在她的祖國比利時，企業並沒有真正參加很多線上的產品發表會，但這才是她與眾不同的地方。

娜塔莎第一次通過驗證後，主要是在臉書社團中與潛在客戶互動、分享關於她的關鍵資訊，並傳達她自身的價值。很快地，客戶就會主動來電洽詢。接著，她會透過她的銷售方法來完成剩下的工作。此外，她也會著重介紹她在這些社團裡認識的潛在動能夥伴，而這些夥伴通常也會回報她的協助。

如今，她已經吸引到幾位帶來數百萬美元訂單的大客戶。她藉由自己喜愛的工作賺取優渥的收入，並過著好日子。

然後，是自稱「套利策劃師」的夏恩．梅蘭森。他就是那個幫助醫生利用商業地產投資、使他們得以享受幸福退休生活的人。初次驗證成功後，他就開設了一個播客節目。接著不久後，加拿大皇家銀行（Royal Bank of Canada）和某個由三千名醫生所組成的團體就主動與他聯繫，希望能和他合作。

此外，別忘了第五章那位自稱「使命專家」的惠特尼．柯爾，她就住在威斯康辛州密爾瓦基（Milwaukee）外的一個偏遠小鎮。在確定她的目標客群是醫療科技公司之後，我們發現，要在現實生活中與潛在目標客戶交流，幾乎是不可能的事。因此，第一次通過驗證後，她就把她經過反覆練習與完善的訊息放進領英的一連串貼文裡。很快就有潛在客戶主動聯繫她。之後沒多久，她的收入就暴增至每個月三萬五千美元。

在這個數位化時代，線上業務的成功案例比比皆是。但如果少了社交場合上的那些初期準備工作，這種成功可能永遠都無法實現。

所以，一旦你順利完成了驗證，並讓你的社交劇本臻於完善，你就該將你先前付出的所有努力在數位領域投入實戰。

別擔心，我會在附錄中的線上資源裡等著你，這些資源會幫助你完成這些過程。讓我們攜手，把你的資訊傳播給全球的各個群體吧。

致謝

感謝布蘭妮，你不僅是很棒的妻子，也是我最好的朋友。我在撰寫這本書時，你給了我無比的耐心與支持。同時，我也要謝謝你對我的這份深切摯愛。

感謝我的母親幫我檢視初稿、提供許多適當的意見，並給予我追尋夢想的信心——即便這意味著，我要搬到地球的另一端生活。

謝謝我的父親給我鼓勵、在深夜與我促膝長談、經常挑戰我的想法、協助我把注意力放在最重要的事上，並鞭策我變得更好。

感謝我的姐姐雀爾喜一直在身邊聽我傾訴。在我看來，你是世上最棒的姐姐了。

謝謝香農為這本書傾注的努力與才華。你包容我的完美主義，並且在關鍵時刻出現在我的身旁。如果沒有你，我可能已經迷失自我。

感謝德瑞克願意再次和我一起冒險。謝謝你成為我信賴的知己，並給予我這份珍貴的友誼。

感謝辛蒂支持我所做出的每個決定、相信我的作品，並指點我如何出版這些著作。你是所有作家都夢寐以求的經紀人。

謝謝提姆相信「I型優勢」系列書的潛力，並且給我足夠的時間、使我得以實現我的願景。

感謝傑夫、海勒姆和西西里熱情地歡迎我加入哈波柯林斯出版社（HarperCollins）這個大家庭。

謝謝吉米・布朗、惠特尼・柯爾、吉姆・柯默、安琪拉・杜蘭特、喬恩・哈里斯、萊斯莉・希爾、貝瑟妮和山・詹金斯、尼克・詹森、傑伊・卡利、賈斯汀・麥卡洛、夏恩・梅蘭森、塔瑞克・莫希德、艾利克斯・墨菲、克雷格和喬爾・特納、娜塔莎・沃羅比奧娃，以及夏琳・威斯蓋特願意分享你們的切身經歷、讓大家從你們的成功經驗與失敗教訓中學習。感謝你們樂於幫助其他內向者獲得成功。

謝謝我的讀者信任我，再度和我開啟了這段旅程。

附錄：「I型優勢內圈」專屬邀請函

恭喜你！你已完成本書的閱讀，現在掌握了一切必要工具，足以徹底改變你的社交策略。很快地，你將超越外向者，在社交場合中更加從容自在。但這樣就結束了嗎？

來把你的社交技巧提升到全新層次吧。

誠摯邀請你加入這個免費的線上社群，這裡匯聚了致力於職涯與事業成功的內向者。加入後，你將立即獲得大量額外資源，包括：工具、策略、實例，以及專屬內容。這些都將幫助你在虛擬或現實社交環境中輕鬆應對、游刃有餘。你還能觀看書中人物的專訪影片，見證他們的真實經歷與轉變。就算你還沒看完書，也能派上用場。

別錯過了。

免費專屬內容：www.theintrovertsedge.com/free-bonuses

讓我們一步步落實你在書中學到的技巧，內圈見！

馬修・波勒

關於作者

即便你在五年前告訴我，我童年時心目中的兩位英雄，會出現在我的聯絡人名單裡，我也只會害羞地搖搖頭，然後把你打發走。

我出身貧寒，祖輩們一直勤勤懇懇、努力工作，但沒有什麼「人脈」。我的一位祖父是剪羊毛的，另一位祖父則在工廠上班。一位祖母在自助餐廳工作，另一位祖母則是裁縫師。我的母親可能是她的高中裡最聰明的學生，但當她想讀大學時，她的父親卻說：「我的孩子都不會上大學。你要去城裡最好的祕書學校、學一門正經的手藝。」

於是，她就照做了。她以優異的成績畢業，然後當了很多年的祕書。但這份毫無挑戰性的工作令她感到枯燥，再加上長年打字使她的肩膀日益疼痛，最終再也無法忍受。

大概就是在這時候，她碰巧讀到麥克·葛伯（Michael E. Gerber）的著作《創業這條路》（*The E-myth Revisited*），這本書可以算是小型企業系統化的經典。她因此深受啟發，並開始了她的培訓事業。那時，我還只是個青少年，但我至今仍記得，我的父母親坐在飯桌旁談論小公司面臨的各種問題、創業家是怎麼陷入經常需要「救火」的困境，以及系統化為何是小型企業主擁有幸福生活的關鍵。

這些討論在我的心中種下了一顆種子，它對我影響深遠，甚至改變了我的人生：多數人都覺得自己困在這樣或那樣的問題裡，而系統化往往是解決這些問題的唯一出路。

在接下來的一年裡，母親正式開始了她的事業。然而，就像許多剛創業，甚至是成熟企業的企業主一樣，儘管滿腔熱忱、富有才華，她還是很難找到對她感興趣的潛在客戶。伊凡·米斯納博士所創立的BNI是她的救星。透過他們所謂的「跳舞卡」（dance card），最後她終於找到了一群欣賞她，而且報酬適中的常客。

對我而言，麥克·葛伯和伊凡·米斯納都是遠在地球另一端的傳奇人物。他們給了我那住在偏遠小鎮的母親一把通往更美好生活的鑰匙。

一眨眼，二十年就過去了。還記得，我的一位動能夥伴介紹伊凡·米斯納給我認識，你能想像，當時我有多震驚嗎？幾年後，我的網路社交策略又促使麥克·葛伯主動與我聯繫，你能想像，那時我有多驚訝嗎？

從聽聞這些小型企業巨頭，到他們成為我的人脈，最後變成我的朋友……這一切實在是太不可思議了。

這些成功與好運的發生，有很大一部分是因為我真正接納了我的內向性格，而不是將它視為一種負擔。我善用我身為內向者的優勢：仔細計畫、準備，以及具備同理心。我把這些特質和我對系統化社交方法的信任，與努力投入的決心結合在一起。這套方法讓我得以過著理想的生活，它使我從只能仰慕地談起麥克和伊凡，到在現實中與他們交談，並擁有他們的支持。

如今，我的任務是讓像我們這樣的內向者明白，我們無須變成（或偽裝成）外向者。因為我們取得成功的方式不同。當我們坦然接受這一點，並懂得運用系統化的力量時，就會發現自身的優勢、創造出屬於自己的好運，進而實現夢想。

這一切都取決於你自己。請相信自己、相信自己的能力，並且相信我的這套系統化方法——然後，去改變你的人生。

當你這麼做時，可以與我聯繫、分享你的成功故事。我很期待那一刻的到來。

一起來　0ZTK0062

I 型優勢 2

The Introvert's Edge to Networking

作　　者　馬修・波勒 Matthew Pollard
譯　　者　実瑠茜
主　　編　林子揚
編　　輯　張展瑜
編輯協力　鍾昀珊

總 編 輯　陳旭華 steve@bookrep.com.tw
出版單位　一起來出版／遠足文化事業股份有限公司
發　　行　遠足文化事業股份有限公司（讀書共和國出版集團）
　　　　　231 新北市新店區民權路 108-2 號 9 樓
　　　　　02-22181417
法律顧問　華洋法律事務所　蘇文生律師

封面設計　王俐淳
內頁排版　新鑫電腦排版工作室
印　　製　通南彩色印刷股份有限公司
初版一刷　2025 年 8 月
定　　價　430 元
I S B N　978-626-7577-54-7（平裝）
　　　　　978-626-7577-55-4（EPUB）
　　　　　978-626-7577-56-1（PDF）

國家圖書館出版品預行編目（CIP）資料

I 型優勢 2 / 馬修・波勒（Matthew Pollard）著 ; 実瑠茜 譯 . -- 初版 . -- 新北市 : 一起來出版 , 遠足文化事業股份有限公司 , 2025.08
256 面 ; 14.8×21 公分 . --（一起來 ; 0ZTK0062）
譯自：The introvert's edge to networking.
ISBN 978-626-7577-54-7（平裝）
1. CST: 商務傳播 2. CST: 社交技巧 3. CST: 內向性格
4. CST: 職場成功法
496　　114007116